村庄整治技术手册

安全与防灾减灾

住房和城乡建设部村镇建设司　组织编写
马东辉　主编

中国建筑工业出版社

图书在版编目(CIP)数据

安全与防灾减灾/马东辉主编．—北京：中国建筑工业出版社，2009
(村庄整治技术手册)
ISBN 978-7-112-11657-7

Ⅰ．安… Ⅱ．马… Ⅲ．农村—灾害防治—手册 Ⅳ．X4-62

中国版本图书馆 CIP 数据核字(2009)第 219610 号

村庄整治技术手册
安全与防灾减灾
住房和城乡建设部村镇建设司 组织编写
马东辉 主编
*
中国建筑工业出版社出版、发行（北京西郊百万庄）
各地新华书店、建筑书店经销
北京天成排版公司制版
北京建筑工业印刷厂印刷
*
开本：880×1230毫米 1/32 印张：5⅛ 字数：156千字
2010年3月第一版 2014年8月第二次印刷
定价：**15.00**元
ISBN 978-7-112-11657-7
(18902)

本书为村庄整治技术手册之一。书中结合《村庄整治技术规范》(GB 50445—2008)，综合考虑火灾、洪灾、震灾、风灾、地质灾害、雷击、雪灾和冻融等灾害影响，以灾害出现频率较高灾损程度较大的主要灾种为主，以综合防御为原则，简明扼要地介绍了村庄各种灾害的成因、防治方法及工程技术措施。可供广大基层技术人员、管理人员参考，也可作为村庄安全与防灾减灾的科学普及读物。

*　*　*

责任编辑：刘　江
责任设计：赵明霞
责任校对：陈　波　兰曼利

《村庄整治技术手册》组委会名单

《村庄整治技术手册》
编委会名单

郝芳洲　中国农村能源行业协会研究员
徐海云　中国城市建设研究院总工程师、研究员
顾宇新　住房和城乡建设部村镇建设司村镇规划(综合)处处长
倪　琪　浙江大学风景园林规划设计研究中心副主任
凌　霄　广东省城乡规划设计研究院高级工程师
戴震青　亚太建设科技信息研究院总工程师

序

当前，我国经济社会发展已进入城镇化发展和社会主义新农村建设双轮驱动的新阶段，中国特色城镇化的有序推进离不开城市和农村经济社会的健康协调发展。大力推进社会主义新农村建设，实现农村经济、社会、环境的协调发展，不仅经济要发展，而且要求大力推进生态环境改善、基础设施建设、公共设施配置等社会事业的发展。村庄整治是建设社会主义新农村的核心内容之一，是立足现实、缩小城乡差距、促进农村全面发展的必由之路，是惠及农村千家万户的德政工程。它不仅改善了农村人居生态环境，而且改变了农民的生产生活，为农村经济社会的全面发展提供了基础条件。

在地方推进村庄整治的实践中，也出现了一些问题，比如乡村规划编制和实施较为滞后，用地布局不尽合理；农村规划建设管理较为薄弱，技术人员的专业知识不足、管理水平较低；不少集镇、村庄内交通路、联系道建设不规范，给水排水和生活垃圾处理还没有得到很好解决；农村环境趋于恶化的态势日趋明显，村庄工业污染与生活污染交织，村庄住区和周边农业面临污染逐年加重；部分农民自建住房盲目追求高大、美观、气派，往往忽略房屋本身的功能设计和保温、隔热、节能性能，存在大而不当、使用不便，适应性差等问题。

本着将村庄整治工作做得更加深入、细致和扎实，本着让农民得到实惠的想法，村镇建设司组织编写了这套《村庄整治技术手册》，从解决群众最迫切、最直接、最关心的实际问题入手，目的是为广大农民和基层工作者提供一套全面、可用的村庄整治实用技术，推广各地先进经验，推行生态、环保、安全、节约理念。我认为这是一项非常及时和有意义的事情。但尤其需要指出的是，村庄整治工作的开展，更离不开农民群众、地方各级政府和建设主管部门以及社会各界的共同努力。村庄整治的目的是为农民办实事、办好事，我希望这套丛书能解决农村一线的工作人员、技术人员、农民参与村庄整治的技术需求，能对农民朋友们和广大的基层工作者建设美好家园和改变家乡面貌有所裨益。

仇保兴

2009年12月

前　言

《村庄整治技术手册》是讲解《村庄整治技术规范》主要内容的配套丛书。按照村庄整治的要求和内涵，突出“治旧为主，建新为辅”的主题，以现有设施的改造与生态化提升技术为主，吸收各地成功经验和做法，反映村庄整治中适用实用技术工法(做法)。重点介绍各种成熟、实用、可推广的技术(在全国或区域内)，是一套具有小、快、灵特点的实用技术性丛书。

《村庄整治技术手册》由住房和城乡建设部村镇建设司和山东农业大学共同组织编写。丛书共分13分册。其中，《村庄整治规划编制》由山东农大组织编写，《安全与防灾减灾》由北京工业大学组织编写，《给水设施与水质处理》由北京市市政工程设计研究总院组织编写，《排水设施与污水处理》由住房城乡建设部农村污水处理北方中心组织编写，《村镇生活垃圾处理》由中国城市建设研究院组织编写，《农村户厕改造》由中国疾病预防控制中心组织编写，《村内道路》由中国农业大学组织编写，《坑塘河道改造》由广东省城乡规划设计研究院组织编写，《农村住宅改造》由同济大学组织编写，《家庭节能与新型能源应用》由亚太建设科技信息研究院组织编写，《公共环境整治》由中国建筑设计研究院城镇规划设计研究院组织编写，《村庄绿化》由浙江大学组织编写，《村庄整治工作管理》由山东农业大学组织编写。在整个丛书的编写过程中，山东农业大学在组织、协调和撰写等方面付出了大量的辛勤劳动。

本手册面向基层从事村庄整治工作的各类人员，读者对象主要包括村镇干部，村庄整治规划、设计、施工、维护人员以及参与村庄整治的普通农民。

村庄整治技术涉及面广，手册的内容及编排格式不一定能满足所有读者的要求，对书中出现的问题，恳请广大读者批评指正。另外，村庄整治技术发展迅速，一套手册难以包罗万象，读者朋友对在村庄整治工作中遇到的问题，可及时与山东农业大学村镇建设工程技术研究中心(电话0538-8249908，E-mail：zgczjs@126.com)联系，编委会将尽力组织相关专家予以解决。

编委会

2009年12月

本书前言

自然灾害对人类生活的影响是极为严重的。我国有60%左右的人口居住在农村，村庄安全与防灾减灾的发展状况如何，对我国整个社会发展和变化起着举足轻重的作用。近15年来，我国平均每年因自然灾害造成约3亿人(次)受灾，紧急转移安置人口约800万人，直接经济损失近2000亿元人民币。2008年岁初南方冰雪巨灾的余波尚未平息，5月12日四川汶川大地震的发生又给国计民生带来了更为沉重的打击。本次地震是新中国成立以来破坏性最强、波及范围最广的一次地震灾害。四川、甘肃、陕西、重庆等16个省(直辖市、自治区)、417个县(市、区)、4624个乡镇、46574个村庄受灾，灾区面积约44万km^2。据统计，地震导致8万多人死亡或失踪，37万多人受伤，受灾人口高达4千多万人，直接经济损失达到8451亿元。其中，汶川、北川、青川、茂县、平武、安县、都江堰、江油、文县9个县(市)的耕地损毁率达4%～8%(58万～116万亩)。村庄安全与防灾减灾整治对我国广大农村的科学、可持续和谐发展具有非常重要的意义。

本书结合《村庄整治技术规范》(GB 50445—2008)，综合考虑火灾、洪灾、震灾、风灾、地质灾害、雷击、雪灾和冻融等灾害影响，以灾害出现频率较高、灾损程度较大的主要灾种为主，以综合防御为原则，简明扼要地介绍了村庄各种灾害的成因、防治方法及工程技术措施。可供广大基层技术人员、管理人员参考，也可作为村庄安全与防灾减灾的科学普及读物，献给读者。

本书由马东辉主编并统稿。第1～3章由马东辉和郭小东执笔，第4～6章由马东辉和王威执笔，第7～8章由马东辉和王志涛执笔。

在编写过程中，编者参阅了许多学者的著作，并吸纳了其中一些成果，在此一并表示衷心感谢。

鉴于村庄安全与防灾减灾是一个庞大的跨学科的系统工程，涉及的知识面较广，限于编者水平，加之时间仓促，书中不妥和错误之处，敬请读者批评指正。

目　录

1 绪　论

1.1　我国村庄防灾减灾基本现状

我国是一个人口众多、地域辽阔的国家，也是一个多灾的发展中国家。洪水、地震、火灾、风灾、雪灾、滑坡、泥石流、雷击和冻融等多种自然灾害频繁发生，不仅给人民生命财产造成严重损失，也成为发展国民经济，实现全面小康的一大制约因素。由于我国村庄抗灾防灾能力普遍薄弱，广大农村和乡镇地区往往是我国自然灾害的主要受灾地区。

随着我国村镇经济的快速发展，必然带来人口和财富的集中，一旦遭受破坏性自然灾害的袭击，在缺乏有效防御措施的情况下，将会造成严重的人员伤亡和经济损失。

1. 地震灾害

由现场震害调查可知，在遭受同等地震烈度破坏条件下，农村人口伤亡、建筑的倒塌破坏程度远高于城市。而且越贫穷的地区，受灾越严重。其主要原因是农村经济落后，大量民房在建筑材料、结构形式、传统习惯等方面存在问题，房屋缺乏抗震措施，抗震能力差所致。例如 2006 年 2 月 4 日浙江文成县 4.6 级地震，虽然震级不高，但也使当地大量空斗墙房屋产生不同程度的破坏，有的甚至达到不可修复的严重破坏程度。

2. 洪水灾害

洪水对村庄造成的损失包括：

(1) 农业损失：洪水冲毁农作物，使粮食大量减产甚至绝收。洪水带来的泥沙压毁农作物，使土质恶化，造成长期减产。

(2) 居民财产损失：洪水冲塌建筑物，财产被洪水吞没，无家可归。

(3) 水利设施破坏：如大坝溃决、堤防溃决，村庄内的渠道、桥梁、涵闸等破坏造成的损失。

我国洪涝灾害对村镇造成的人员伤亡和经济损失十分严重。如1991年江淮特大洪水，有皖、苏、鄂、豫、湘、浙、黔等省份受灾。死亡1200多人，伤2.5万多人，倒塌房屋几百万间，经济损失达700多亿元。又如1998年长江中下游及嫩江流域等地特大洪水，死亡人数达1432人，倒塌房屋1000多万间，经济损失高达2200多亿元。

3. 风暴灾害

风暴也是使村镇遭受严重灾害的灾种，我国每年平均约有10余个台风登陆。如2001年第2号台风“飞燕”在福建登陆，使21个乡镇的434个行政村受灾，受灾人口达106.2万人，损坏与倒塌房屋2500多间。尽管福建省采取积极办法转移人员，但仍造成122人死亡。

又如2006年8月10日第8号台风“桑美”正面袭击浙江省温州市苍南县，因建筑物倒塌死亡153人，失踪1人，倒塌房屋20310间，严重损坏45469间，造成浙江省苍南县直接经济损失91.24亿元。

4. 地质灾害

地质灾害主要是滑坡、崩塌和泥石流。崩塌、滑坡对村庄的主要危害是摧毁农田、房屋，伤害人畜、毁坏森林、道路以及农业机械设施和水利水电设施等，有时甚至给乡村造成毁灭性灾害。如1984年12月20日，陕西省高陵县蒋刘乡发生滑坡，死亡22人，毁坏耕地245亩，房屋159间，整个村庄被毁；再如汶川地震引发的东河口大滑坡，四个村庄被吞噬，数百人被掩埋，形成2个堰塞湖。泥石流具有暴发突然、来势凶猛、破坏力大的特点，常在顷刻之间给山区农村经济建设和居民生命财产造成严重损失。

1.2 我国村庄安全与防灾存在的主要问题

1. 农村地区抗灾能力受经济发展水平制约大

(1) 我国农村地区经济发展水平普遍较城镇差，且地区差异较大，中西部地区农村经济水平更低，很多地区无力建设抗灾性能好的房屋、工程设施；另外，农村大部分地区在房屋灾害设防上存在盲点，重救灾轻设防，政府对经济欠发达地区缺少鼓励农村防灾减灾建设的政策措施和资金支持，严重影响了农村的防灾减灾工作。

受各地经济发展水平不平衡制约，农村防灾水平分布不均匀。例如，经济发达地区房屋抗震能力普遍好于经济欠发达地区。在同一地区，不同收入水平的群众的房屋抗震水平也有明显差异。一般说来经济条件好的群众，多采用现代结构类型，经济条件差的多为传统类型的土木砖石房屋。经济条件差的群众形成了灾害高危险群体。

(2) 在农村防灾方面，国家与地方的资金投入主要是用于灾后恢复重建方面，形成了“有买棺材的钱，而没有进行防灾设防的钱”，实际上把这部分资金的很少一部分用于农村防灾减灾设施建设，就能大幅度提高农村的防灾能力。如云南省自 1988 年 11 月 6 日澜沧一耿马 7.6 级地震以来发生 5.0 级以上破坏性地震 42 次，用于救灾和恢复重建的费用为 26.96 亿元(其中中央 11.49 亿元、地方 15.47 亿元)，如果这些经费用于震前对房屋采取抗震措施，云南省每年可有一亿多元。这对减少地震人员伤亡和经济损失会发挥重大作用。

(3) 在经济欠发达地区还存在农村房屋主体建筑材料缺乏、房屋造价相对较高的问题。如云南、西北和华北等地震高发地区的农村普遍缺乏砖、石、木材甚至砂子等房屋的主体建筑材料。

2. 农村建设缺乏统一的规划管理

大多数非建制镇和自然村未进行建设总体规划工作。宅基地审批与规划和建设管理工作脱节。由于乡村面积大，建筑分散，单靠建设部门监管难度大，农村建房随意性大，给农村建筑带来了相当大的隐患。建筑管理不到位，使得村镇防灾管理工作更是难以落到实处。

3. 现有村庄的减灾技术标准还有欠缺

目前我国已有《中华人民共和国防震减灾法》和《中华人民共和国建筑法》等法律、法规，用来推进灾害预防措施的贯彻落实。

不足之处在于，这些法律和法规主要是针对城市和企事业单位的，对广大农村和乡镇没有明确的规定，有的不适用于农村和乡镇。类似于《建筑抗震设计规范》、《建筑抗震鉴定标准》、《建筑抗震加固技术规程》等抗震技术标准对土木石等常用的结构类型虽然也提出了抗震设计的基本原则和措施要求，但这些措施较为原则，其系统性、针对性、可操作性和覆盖面不足。

4. 其他不利于抗灾的因素

由于农村民房是自主建造，何时建造，采用何种结构形式、何种建筑材料等，完全由房主根据自己的经济状况、传统习惯等因素与建筑工匠议定，建房用料的随意性大、传统观念强，给农村房屋带来相当大的灾害隐患。如大多数农民不知道在地震地区应对房屋进行抗震设防，不了解抗震防灾技术措施。少数有点抗震知识的也因经济水平、传统习惯等原因而使得抗震措施不到位，因此普遍存在重视装修门面忽略房屋结构性能的倾向，俗称“两面光”。如云南、内蒙古不少地区的农房采用内层土坯外层砖的里生外熟做法（俗称金包银），导致墙体两张皮，地震中破坏严重，云南丽江地震和内蒙古西乌旗地震表明里生外熟墙体房屋的抗震能力甚至不如土坯墙房屋。农村建房多片面追求大空间、大开窗，窗间墙宽度明显不足，这种现象在全国各地农村较为普遍。华东、中南一些地区村镇广泛采用空斗墙房屋，这些地区空斗墙房屋在砌筑方式等方面存在着严重的防灾安全隐患，在小震或台风作用下都有可能产生严重的破坏。

城镇地区有资质、有技术实力的建筑施工企业不愿意到农村地区承担工程，而农村地区缺乏掌握规范施工做法的工匠。农村传统工匠建筑施工操作不规范，很多沿袭下来的传统习惯做法削弱了房屋的整体性能，给新建房屋留下隐患，采用新材料却沿用传统习惯的不当做法，“穿新鞋，走老路”，起不到抗震设防的作用。1990年2月江苏常熟—太仓交界发生了一次5.1级的中等地震，导致大批农民新建楼房开裂，其原因就是这些外表气派、美观的房屋没有牢固的地基和圈梁等必要的抗震措施。

由于气候、材料、民俗习惯等原因，村镇中会存在体现地方特色的建筑物形式，如南方地区的骑楼结构，东南沿海地区的石结构，西南地区的穿斗木构架房屋，闽南地区的寮式大厝，湘西地区的吊脚楼，西北地区的土楼等。这些地方特色建筑中不少结构形式存在结构整体性差，抗震性能低的特点。

由上述可见，一些地区农村房屋无论在房屋的整体性、墙体自身的整体性、屋盖系统的整体性以及墙体与木构架的连接等方面均非常差，仅能承受竖向重力荷载，不能承受水平荷载，台风都能吹倒，若遇洪水或 6 度以上地震等灾害的袭击，其灾害程度将十分严重。

2 村庄安全与防灾一般规定

2.1 灾害种类与防御目标

2.1.1 灾害种类

1. 灾害的定义

世界卫生组织对灾害的定义为：任何引起设施破坏、经济严重受损、人员伤亡、健康状况及卫生条件恶化的事件，如其规模已超出事件发生社区的承受能力而不得不向社区外部寻求专门援助时，就可称为灾害。联合国“国际减轻自然灾害十年”专家组对灾害的定义为：灾害是指自然发生或人为产生的，对人类和人类社会具有危害后果的事件与现象。可见某种事件或现象是否被判定为灾害，主要是看它是否造成了人员伤亡和财产损失。例如，一次山体滑坡在人烟稀少的深山，若没有造成人员伤亡和财产损失，则这种滑坡就不成为自然灾害；倘若这次滑坡阻断了河流而形成堰塞湖，并且日后对下游广大地区产生严重的次生水灾威胁，这次滑坡就构成灾害事件。

2. 灾害的特征

尽管灾害一词没有统一定义，灾害却具备以下一般特征：

(1) 危害性

灾害之所以成为灾害，就是因为它会对人类生命、财产和赖以生存的其他环境和社会条件产生严重的危害性，其程度往往又是本地区难以独立承受而急需外界救援的。

(2) 突发性

绝大部分灾害都是在短暂的时间内发生的，如地震、泥石流、爆炸等，往往在几秒内就可能造成巨大的破坏和损失。

(3) 永久性

许多种类的灾害是由自然界的运动变化造成的，是客观存在不以主观意识行为而转移的。如地震、台风、洪水、海啸等，只要人类活动存在，它就不会消失。

(4) 频繁性

各种灾害都按照自身确定的和不确定的规律频繁发生，相互之间可交叉诱发。虽然地震、海啸、洪水和台风等灾害的发生具有一定的周期性和准周期性(灾变期)，但这些灾害又不会那么准确地按周期重复发生，例如台风活跃在每年的夏季，但各年份台风发生的时间却具有不重复性。

(5) 广泛性

灾害的分布遍布全球每一个角落，只要有人类行为的地方，便有灾害的潜伏和爆发。

(6) 群发性

自然灾害不是孤立的，而是具有群体特征。如台风登陆可引起近海区的风暴潮灾害，深入内陆可转化为暴雨。暴雨在平原区可引起洪涝，在山区可引发山洪爆发，又诱发滑坡和泥石流灾害。

3. 村镇地区灾害的主要种类

村镇地区灾害的主要种类按发生原因来分，可以分为自然灾害和人为灾害。本书中村镇防灾减灾的对象主要针对自然灾害，村镇地区的自然灾害按其灾害源可分为：

(1) 地质灾害：地震、火山爆发、崩塌、滑坡、泥石流、地面沉降、地裂缝等。

(2) 气象灾害：暴雨、洪涝、热带气候、冰雹、雷电、台风、干旱、雪灾、冰雹等。

(3) 生态环境灾害：病虫害、森林火灾、沙尘暴、土壤盐碱化、沙漠化等。

由于村庄安全与城市不同，我国村庄量大、面广，不同地区村庄人口规模、自然条件、历史环境、发展基础、经济水平差别很大，灾害种类、灾损程度、防灾减灾的能力也参差不齐，因此不同地区村庄安全防灾整治的内容和要求也有较大差别。本手册选择村庄中灾害出现频率较高、灾损程度较大的主要灾种作为减灾对象。本手册中重点防御的灾种为火灾、洪涝、地震地质、风灾、雪灾、冻融及雷暴灾害。

2.1.2 防御目标

1. 基本防御目标

村庄整治应达到在遭遇正常设防水准下的灾害时，村庄生命线系统和重要设施基本正常，整体功能基本正常，不发生严重次生灾害，保障农民生命安全的基本防御目标。

由于目前我国尚无统一的灾害设防标准，因此这里所指的“正常设防水准下的灾害”是按国家法律法规和相关标准所确定的灾害设防标准，相当于中等至大规模灾害影响，对各灾种对应如下：

(1) 地震

我国目前定义的一个地区的地震基本烈度，指的是该地区在今后50年期限内，在一般场地条件下(指该地区内普遍分布的地基土质条件及地形、地貌、地质构造条件)可能遭遇超越概率为10%的地震烈度。因此，村庄制定地震灾害的基本防御目标可描述为“村庄在遭遇设防烈度的中震影响下，村庄生命线系统和重要设施基本正常，整体功能基本正常，不发生严重次生灾害，农民生命安全有保障”。

图2-1给出了我国现行各地地震基本烈度分布情况，来源于中国地震局2001年颁布的《中国地震动参数区划图》(GB 18306—2001)。其中设计基本加速度与基本烈度的对应关系为：6度0.05g，7度0.10g和0.15g，8度0.20g和0.3g，9度0.40g。

(2) 风灾

正常设防水准下的风灾，其基准压力一般按当地空旷平坦地面上10m高度处10min平均的风速观测数据，经概率统计得出50年一遇最大值确定的风速，再考虑相应的空气密度来综合确定。全国基本风压分布图见图2-2。

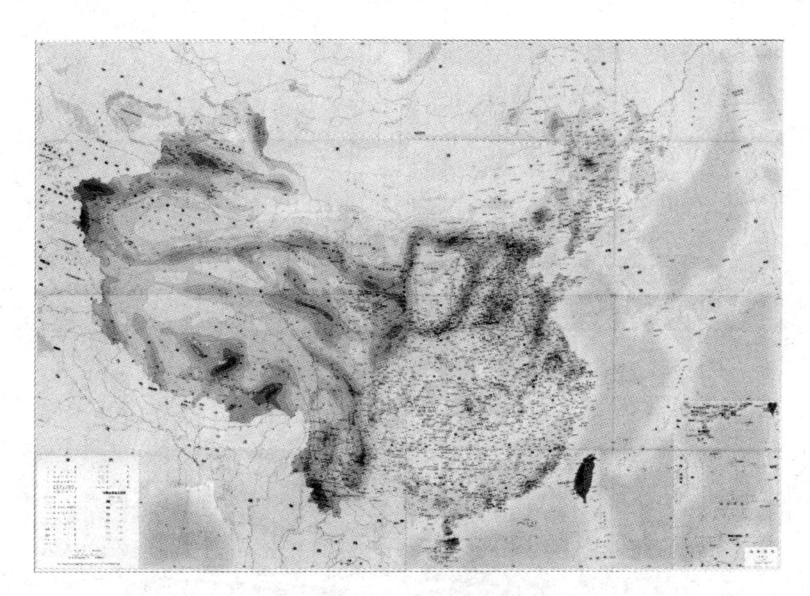

图 2-1　中国地震动峰值加速度区划图

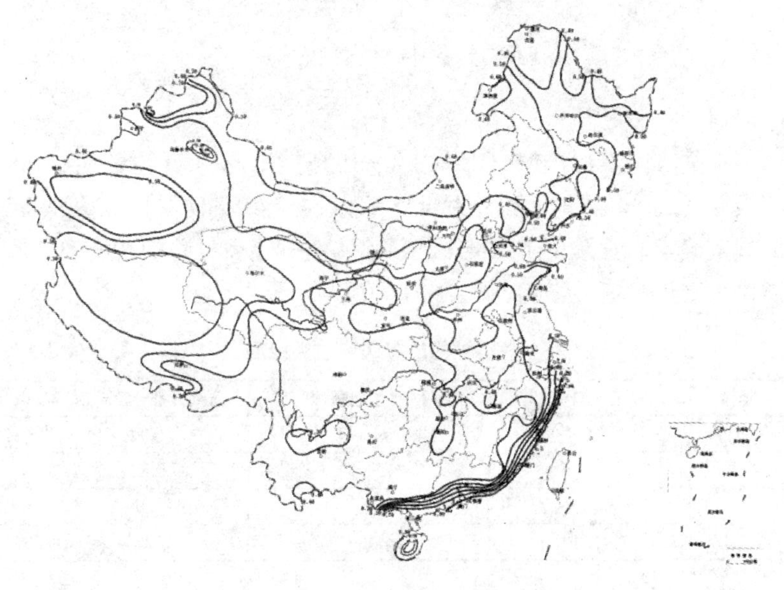

图 2-2　全国基本风压分布图

(3) 雪灾

正常设防水准下的雪灾，其基准压力一般按当地空旷平坦地面上积雪自重的观测数据，经概率统计得出 50 年一遇最大值确定。全国基本风压分布图见图 2-3。

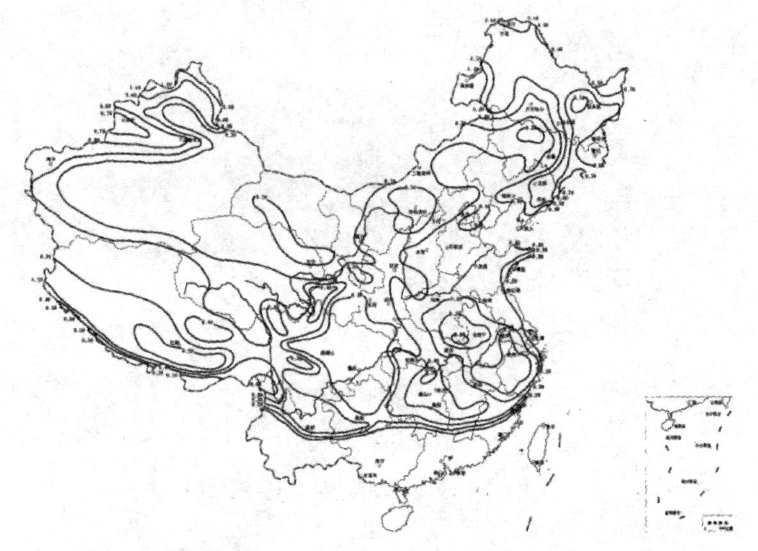

图 2-3 全国基本雪压分布图

(4) 洪水灾害

根据《防洪标准》(GB 50201—1994)，以乡村为主的防护区，应根据其人口和耕地面积分为四个等级，各等级的防洪标准按表 2-1 的规定确定。正常设防水准下的洪水灾害即指乡村防护区所确定的防洪标准下的灾害影响。

乡村防护区的等级和防洪标准 **表 2-1**

等级	防护区人口(万人)	防护区耕地面积(万亩)	防洪标准［重现期(年)］
Ⅰ	≥150	≥300	100～50
Ⅱ	150～50	300～100	50～30
Ⅲ	50～20	100～30	30～20
Ⅳ	≤20	≤30	20～10

2. 村庄安全与防灾目标的确定

村庄内灾害众多，不确定性通常很大，防御水准和要求也有较大差异，制定统一的村庄安全与防灾防御目标难度较大。各地可从村庄功能和工程设施的防灾安全角度确定，将保护人的生命安全放在第一位，在满足上述基本防御目标的基础上，根据村庄整治的具体要求及建设与发展的实际情况，确定本村庄的防灾目标。

2.2 村庄安全防灾整治的基本原则与要求

2.2.1 基本原则

村庄整治应贯彻预防为主，防、抗、避、救相结合的方针，坚持灾害综合防御、群防群治的原则，综合整治、平灾结合，保障村庄可持续发展和村民生命安全。

2.2.2 基本要求

当前，我国各地村庄遭受的灾害类型、灾害程度差异较大，根据村庄整治的工作特点及要求，村庄整治中安全防灾的重点在于：根据村庄实际，采用切实可行的有效措施，较大限度的降低和减少各类灾害损失，最大程度的保证村民生命财产安全。对于受到重大灾害影响、必须实施整村搬迁、异地安置等措施的村庄，应纳入县域镇村布局规划中统筹考虑，不属于村庄整治的工作内容。村庄整治不是一项根治性的、彻底解除各类灾害威胁的工作，对于重大灾害的防治，还应依赖于相关重大基础设施工程的建设和改造进行。

村庄整治应依据灾害危险性、灾害对村庄的影响情况，有选择的确定村庄防灾整治的灾害种类。表 2-2 给出了目前我国村庄灾害危险性分类的参照标准。

灾害危险性分类　　表 2-2

灾种 \ 灾害危险性	划分依据	A	B	C	D
地震	地震基本加速度 a(g)	$a<0.05$	$0.05\leqslant a<0.15$	$0.15\leqslant a<0.3$	$a\geqslant 0.3$
风	基本风压 W_0 (kN/m^2)	$W_0<0.3$	$0.3\leqslant W_0<0.5$	$0.5\leqslant W_0<0.7$	$W_0\geqslant 0.7$

续表

灾害危险性 / 灾种	划分依据	A	B	C	D
地质	地质灾害分区	一般区		易发区、地质环境条件为中等和复杂程度	危险区
雪	基本雪压 S_0 (kN/m²)	$S_0<0.3$	$0.45>S_0\geq0.3$	$0.6>S_0\geq0.45$	$S_0\geq0.6$
冻融	最冷月平均气温(℃)	>0	0～−5	−5～−10	<−10

表中基本风压根据现行国家标准《建筑结构荷载规范》(GB 50009—2001)附表D.4给出的50年一遇的风压采用。当基本风压值在现行国家标准《建筑结构荷载规范》(GB 50009—2001)附表D.4没有给出时，可按上述规范附图D.5.3全国基本风压分布图近似确定。

表中地质灾害分区是指按照地质灾害防治规划所确定的地质灾害危险分区。地质灾害易发区是指历史上经常发生并出现损失的地区。地质灾害危险区是指发生过重大地质灾害并导致重大损失的地区。地质灾害易发区、危险区应按照地质灾害的评价结果确定，地质灾害的评价方法详见第六章所述。地质灾害环境条件一般包括地形、地貌、地质构造、岩土条件、水文地质条件及人类活动等，这些环境条件影响和制约地质灾害的形成、发展和危害程度。地质环境条件复杂程度分类可按表2-3确定。

地质环境条件复杂程度分类表　　表2-3

复　杂	中　等	简　单
地质灾害发育强烈	地质灾害发育中等	地质灾害一般不发育
地形与地貌类型复杂	地形较简单，地貌类型单一	地形简单，地貌类型单一
地质构造复杂，岩性岩相变化大，岩土体工程地质性质不良	地质构造较复杂，岩性岩相不稳定，岩土体工程地质性质较差	地质构造简单，岩性单一，岩土体工程地质性质良好
工程水文地质条件差	工程水文地质条件较差	工程水文地质条件良好
破坏地质环境的人类工程活动强烈	破坏地质环境的人类工程活动较强烈	破坏地质环境的人类工程活动一般

注：每类5项条件中，有一条符合条件者即归为该类型。

表中基本雪压按现行国家标准《建筑结构荷载规范》(GB 50009—2001)附表 D.4 给出的 50 年一遇的雪压采用。当基本雪压值在现行国家标准《建筑结构荷载规范》(GB 50009—2001)附表 D.4 没有给出时，可按上述规范附图 D.5.1 全国基本雪压分布图近似确定。山区的基本雪压应通过实际调查后确定。当无实测资料时，可按当地邻近空旷平坦地面的基本雪压乘以系数 1.2 采用。

对地震、风灾、雪灾、地质灾害、冻融灾害而言，灾害危险性为 C 类和 D 类的灾种，应进行重点整治。

对洪水灾害，目前我国尚无统一的洪水危险性分区，按照《中华人民共和国防洪法》，防洪区是指洪水泛滥可能淹及的地区，分为洪泛区、蓄滞洪区和防洪保护区。洪泛区是指尚无工程设施保护的洪水泛滥所及的地区。蓄滞洪区是指包括分洪口在内的河堤背水面以外临时贮存洪水的低洼地区及湖泊等。防洪保护区是指在防洪标准内受防洪工程设施保护的地区。洪泛区、蓄滞洪区和防洪保护区的范围，在各级防洪规划或者防御洪水方案中划定，并报请省级以上人民政府按照国务院规定的权限批准后予以公告。这些地区的村庄应把洪灾作为重点整治内容。

2.3 重点防御的内容

2.3.1 一般规定

1. 村庄安全与防灾整治规划的主要内容

制定村庄安全与防灾整治规划应包括以下内容：

(1) 村庄安全与防灾现状分析，安全防灾能力综合评估；

(2) 村庄安全与防灾整治目标，防灾标准；

(3) 村庄用地防灾适宜性划分，村庄规划建设用地选择与相应的村庄建设防灾要求和对策；

(4) 村区与建筑、基础设施等布局、建设与改造的安全防灾要求与技术指标；

(5) 建筑工程设施加固、改造防灾要求和措施：

1）重要建筑安全防灾加固改造，建筑密集区或高易损性区改造；

2）基础设施建设和改造，防洪、消防等防灾设施布局、选址、规模及改造；

3）火灾、爆炸等次生灾害源布局、建设与改造；

4）避灾疏散场所、避灾疏散中心及避灾通道的布局、建设与改造。

(6) 灾害应急、灾后自救互救与重建的对策与措施，防灾减灾应急指挥要求；

(7) 安全与防灾保障。

2. 村庄整治应充分考虑各类安全和灾害因素的连锁性和相互影响

(1) 应按各项灾害整治和避灾疏散的防灾要求，对各类次生灾害源点进行综合整治。

(2) 应按照火灾、水灾、毒气泄漏扩散、爆炸、放射性污染等次生灾害危险源的种类和分布，对需要保障防灾安全的重要区域和源点，分类分级采取防护措施，综合整治。

(3) 应考虑公共卫生突发事件灾后流行性传染病和疫情，建立临时隔离、救治设施。

3. 村庄整治的重点保护对象

村庄内的变电站(室)、邮电(通信)室、粮库(站)、卫生服务中心(卫生室)、广播站、消防站等建筑构成了防灾救灾的关键系统，这些系统在灾后的功能完善和安全运营对整个防灾救灾将起到至关重要的作用。因此，要将此类设施作为重点保护对象，严格按照国家现行有关标准优先整治。

此外，村庄中的学校、敬老院、活动中心等人员集中场所，在灾害发生时，由于弱势群体集中，自救能力较差，房屋一旦发生破坏，往往造成严重的人员伤亡，因此也应把这些建筑物作为重点整治的对象。

4. 村庄整治过程中，有条件的村庄可根据需要进行次生灾害评估

次生灾害的评估可按下列要求进行：

(1) 次生火灾划定高危险区。

（2）提出需要加强防灾安全的重要水利设施或海岸设施。

（3）对于爆炸、毒气扩散、海啸、泥石流、滑坡等次生灾害可根据当地条件选择提出需要加强防灾安全的重要源点。

2.3.2　各类灾害的重点整治内容

1. 火灾

消防设施是村庄最重要的公共设施之一。村庄消防整治应根据现状及发展要求、易燃物的存在与可燃性、人口与建筑物密度、引发火灾的偶然性因素及历史火灾经验等，进行火灾危险源的调查及其影响评估，提出相应防御要求和整治措施，包括村庄消防安全布局、村庄建筑消防、消防分区，消防通道，消防用水，消防设施安排等。

2. 洪灾

位于防洪区和易形成内涝地区的村庄需要考虑防洪整治。

防洪区村庄重点整治的内容包括：

（1）易形成内涝的平原、洼地、水网圩区、山谷、盆地等地区的村庄整治应完善除涝排水系统；

（2）居住在行洪河道内的村民，应逐步组织外迁；

（3）合理布置泄洪沟、防洪堤和蓄洪库等防洪设施；

（4）限期清除村庄范围内的河道、湖泊中阻碍行洪的障碍物；在指定的分洪口门附近和洪水主流区域内，严禁设置有碍行洪的各种建筑物，既有建筑物必须拆除；

（5）位于防洪区内的村庄，应在建筑群体中设置具有避洪、救灾功能的公共建筑物，并应采用有利于人员避洪的建筑结构形式，满足避洪疏散要求。

易内涝地区村庄重点整治的内容包括：

（1）选择适宜的防内涝措施，如边沟或排(截)洪沟组织将村庄用地外围的地面汇水排除；

（2）选址适宜的排涝措施，如扩大坑塘水体调节容量、疏浚河道、扩建排涝泵站等。

此外，位于防洪区和易形成内涝地区的村庄还应逐步规划建设防洪救援系统，包括应急疏散点设置、救生机械(船只)配置、医疗救护、物资储备和报警装置等。

3. 地震

位于地震危险性分类为C类和D类地区的村庄抗震重点整治内容包括：

(1) 新建建筑避开不利地段和危险地段，现有建筑物逐步迁出危险地点。一般来讲，村镇应避开活动断层、滑坡、崩塌、泥石流等危险地段。因为这类易产生地质灾害的地段，工程处理十分复杂且效果也不十分明显，在饱和粉土、砂土上修建的房屋和设施，递增时往往由于砂土液化而产生喷水冒砂以及其他现象，致使地基失效而加剧地面建筑的破坏，在这些地段进行工程建设时应根据不同情况采取不同措施，以防止地基失效，避免建筑物震害加重。软弱淤泥、人工填土、古河道、暗滨暗塘等地段易产生震陷和不均匀沉降，在选址时也予以重视。

(2) 村镇规划要布局合理，建筑密度要适当。村镇布局主次干道要明确，尽量设置多个出入口。改造旧村镇时，应拓宽马路，留出疏散场所和避震通道。规模较大的村镇应留有避震疏散场所，疏散场所的面积可按疏散人口人均$3.5m^2$计算，服务半径以1～2km为限。

(3) 新建农村的房屋要采用合理的抗震措施。位于地震设防区的村庄应按照有关规定进行抗震设防，选择对抗震有利的基础形式和上部结构形式，然后再对房屋结构采取适当的抗震构造措施。在条件允许的村庄，应尽量修建木结构或砖墙承重的房屋，特别要提高房屋的整体性和墙体的砂浆强度，如增设圈梁和构造柱等，这对于提高房屋的抗震性能和安全都是有利的。

(4) 采取合理措施，保障生命线等基础设施的安全。地震时，应尽量不中断供电、供水和通信系统，这就需要合理安排村镇水源和变电所等，提高这些建筑和设施的抗震能力，并有应急措施。

(5) 村庄建设应从规划、设计、施工各个阶段着手，防止次生灾害。在防止地震次生火灾方面，要增强建筑物的耐火性能，并设置消防措施；防止地震次生水灾方面，应充分估计地震对防洪工程的影响，一般不要把村镇安排在水库和河流堤坝的下方。此外，村镇房屋最好建在工厂和危险品仓库的上风地段，以避免地震时工厂和危险品仓库发生次生火灾、次生爆炸或次生毒气扩散。

4. 其他灾害

(1) 地质灾害

1) 山区村庄重点防御边坡失稳的滑坡、崩塌和泥石流等灾害；矿区和岩溶发育地区的村庄重点防御地面下沉的塌陷和沉降灾害；

2) 地质灾害危险区应及时采取工程治理或者搬迁避让措施，保证村民生命和财产安全；

3) 地质灾害危险区内禁止爆破、削坡、进行工程建设以及从事其他可能引发地质灾害的活动；

4) 对可能造成滑坡的山体、坡地，应加砌石块护坡或挡土墙。

(2) 风灾

1) 风灾危险性为D类地区的村庄建设用地选址应避开与风向一致的谷口、山口等易形成风灾的地段；

2) 风灾危险性为C类地区的村庄建设用地选址宜避开与风向一致的谷口、山口等易形成风灾的地段；

3) 村庄内部绿化树种选择应满足抵御风灾正面袭击的要求；

4) 防风减灾整治应根据风灾危害影响，按照防御风灾要求和工程防风措施，对建设用地、建筑工程、基础设施统筹安排进行整治，对于台风灾害危险地区村庄，应综合考虑台风可能造成的大风、风浪、风暴潮、暴雨洪灾等防灾要求；

5) 风灾危险性C类和D类地区村庄应根据建设和发展要求，采取在迎风方向的边缘种植密集型防护林带或设置挡风墙等措施，减小暴风雪对村庄的威胁和破坏。

(3) 雪灾

雪灾危害严重地区村庄应制定雪灾防御避灾疏散方案，建立避灾疏散场所，对人员疏散、避灾疏散场所的医疗和物资供应等做出合理规划和安排。

(4) 冻融灾害

1) 多年冻土不宜作为采暖建筑地基，当用作建筑地基时，应符合现行国家标准的有关规定；

2）山区建筑物应设置截水沟或地下暗沟，防止地表水和潜流水浸入基础，造成冻融灾害；

3）根据场地冻土、季节冻土标准冻深的分布情况，地基土的冻胀性和融陷性，合理确定生命线工程和重要设施的室外管网布局和埋深。

(5) 雷暴灾害

雷暴多发地区村庄内部易燃易爆场所、物资仓储、通信和广播电视设施、电力设施、电子设备、村民住宅及其他需要防雷的建(构)筑物、场所和设施，必须安装避雷、防雷设施。

3 村庄土地利用防灾适宜性

3.1 村庄用地的灾害破坏效应

3.1.1 地震砂土液化

地下水位以下的较松散的砂土、轻亚黏土在突然发生的地震动力作用下土颗粒间有压密趋势，孔隙水来不及排除，使孔隙压力增高，抵消了颗粒间的有效压力，因而土的抗剪强度急剧下降，甚至趋近于零，土颗粒呈悬浮状态，形成如同“液体”一样的现象，称为砂土液化。液化发生后，受压的孔隙水有可能冲破上覆的土层冒出地面；历史上的地震记载均有喷砂冒水的现象，实际上是砂土液化的一种标志。砂土液化使地基丧失承载能力，导致房屋下沉或倾倒。砂土液化经常发生在冲积平原、沉降盆地的河流、滨海、湖盆岸边饱和松散砂土发育且地下水位埋深较浅的地段。1964 年日本新宿地震发生后数分钟，许多建筑物逐渐倾斜以至倾倒，人们从窗户爬出屋外，而房屋结构基本无损。1964 年美国阿拉斯加州地震在安克雷奇市沿海发生大规模的海岸滑坡。1976 年唐山地震在靠近北京的密云水库，大坝的迎水面滑移，都是由于砂土液化引起的。

3.1.2 软土震陷

软土震陷是由于地震引起高压缩性土(淤泥、淤泥质土)软化而产生地基基础或地面沉陷的现象。它是平原地区地基基础震害的主要形式之一。软土是一种高压缩性土，在强烈的地震作用下，土体受到扰动，絮状结构遭到破坏，强度显著降低，压缩变形加大并发生程度不同的剪切破坏，在地震波的影响下将导致软土产生震陷破坏，引起地基失效。

3.1.3 强震地面断裂

地面裂缝是地震时最常见的现象，主要有两种类型。一种是强烈地震时由于地下断层错动延伸至地表而形成的裂缝，称为构造裂缝。这类裂缝与地下断裂带的走向一致，一般规模较大，形状比较规则，通常呈带状出现，裂缝长度可达几千米甚至几十千米，裂缝宽度可达几米甚至几十米。另一种地裂缝是在故河道、湖岸、陡坡等土质松软地方产生的地表交错裂缝，其大小形状不一，规模也较前一种小。断层对工程建设十分不利，特别是道路工程建设中，选择线路、桥梁位置时，应尽可能避开断层破碎带。

3.1.4 崩塌、滑坡、泥石流

崩塌、滑坡是山区地震常见的地面破坏和震害现象。1970 年 1 月 5 日云南通海 7.7 级地震中，位于滑坡体下方的俞家河坎村被滑坡体推出 100 多米，至于崩塌体滚动数百米乃至上千米的现象是屡见不鲜的。崩塌滑坡危害包括源区、运动区和堆积区三个区段，每个区段都会造成灾害。有时可能是毁灭性的，所到之处工业民用建筑、城镇村落、道路桥梁、农田森林都很难幸免。经验表明崩塌滑坡与地震强度和场地条件密切相关，明显受强烈差异性构造运动，尤其受活动强烈的断层控制。这是因为活动断裂通过处，岩石挤压破碎，节理裂隙发育，是崩塌、滑坡体的物质来源。而强烈的差异性构造活动往往形成悬崖峭壁和陡坎斜坡，是发生崩塌滑坡的有利地形条件，而强烈地震动又是破碎岩体失去稳定性造成崩塌和滑坡的强大动力。

强震崩塌滑坡的判定原则：

(1) 在历史强震中，崩塌滑坡的多发地段，以及非地震时崩塌滑坡的多发地段，可能也是未来强震崩塌滑坡的多发地段；

(2) 地形起伏变化大的悬崖峭壁、陡坎、陡坡(＞30°)等部位。岩石破碎、节理裂隙发育的场地不稳定地段，发生强震崩塌滑坡的可能性较大；

(3) 6 级以上地震的震中区和地震烈度达 8 度以上的地区，活动断裂，尤其是发震断裂通过和交汇处的不稳定岩土发育部位，强震时发生崩塌滑坡的可能性较大。

上述三条原则，一般不孤立存在，而是错综复杂地交织在一起，当诸不利因素组合在一起时，将增大强震崩塌滑坡的可能性。

除此之外，对于规划区存在的局部沟坎坍塌及人工边坡强震失稳的可能性和危害性进行评估。如冲洪积扇和阶地被溪流冲刷切割形成沟谷陡坎，红色砂质黏性土和黏质砂土遇水浸泡易开裂、坍塌，形成俗称的“崩岗”现象；强震下可能产生液化和震陷引起局部岸边滑移；江堤、路堤等软基人工边坡，因强震砂基液化也可能造成局部边坡坍塌滑移。采石场造成的基岩陡坎、废石料堆积陡坡等，在强震下也可能发生局部崩塌、滚石现象。

在开发建设中，应避免对自然边坡的破坏，保持天然状态下的边坡稳定性，对不稳定的自然和人工边坡要加强治理和防范，以减小地震边坡失稳造成的损失。

3.1.5 地面沉降

在强烈地震作用下，地面往往发生下沉。在地下存在溶洞的地区或者由于人们的生产活动产生的空洞，如煤矿采空区等，在强烈地震发生时，地面土体将会产生下沉，发生洼地，造成大面积陷落。在土地陷落的地方，当地面水或地下水注入，就会形成大面积积水，造成灾害。

3.2 村庄用地的防灾评价

3.2.1 建设工程项目重要性分类

建设用地的用途对土地利用适宜性有重大影响，不同重要性的建设工程对抗御灾害的要求不同，设计水准有差别，对用地的适宜性要求有所不同。我国已有的场地勘察和评价规定中，规定了不完全一致的工程项目重要性分类。表 3-1 中列出了我国部分规范或规定对建设工程项目的重要性分类和分类依据。

我国部分规范或规定对建设工程项目的重要性分类　　表 3-1

标准规定	重要性分类	依据或说明
建筑抗震设计规范 GB 50011—2008 建筑工程抗震设防分类标准 GB 50223—2008	四类	规模、破坏后果和重要性——抗震设防类别
城市规划工程地质勘察规范 CJJ 57—1994——建设工程项目重要性	一、二、三级	地基损坏造成工程破坏的后果的严重性
建设用地地质灾害危险性评估技术要求	重要、较重要、一般	规模和重要性
防洪标准 GB 50201—1994——水利水电枢纽工程等别	Ⅰ～Ⅴ级	大(1)、大(2)、中、小(1)、小(2)
水利水电工程结构可靠度设计统一标准 GB 50199—1994——水工建筑物级别	一～五级	规模、效益和重要性
水利水电工程结构可靠度设计统一标准 GB 50199—1994——结构安全级别	Ⅰ～Ⅲ级	重要性和破坏后果
水工建筑物抗震设计规范 DL 5073—2000——抗震设防类别	甲、乙、丙、丁四类	重要性和工程场地基本烈度
工程结构可靠性设计统一标准 GB 50153—2008；建筑结构可靠度设计统一标准 GB 50068—2001——结构安全等级	一、二、三级	破坏后果(很严重、严重、不严重)重要性(重要、一般、次要房屋)
工程结构可靠性设计统一标准 GB 50153—2008；建筑结构可靠度设计统一标准 GB 50068—2001——结构使用年限	5、25、50、100 年	四类
岩土工程勘察规范 GB 50021—2001	一、二、三级	工程的规模和特征，工程破坏或影响正常使用的后果

从村镇规划和建设的角度出发，根据各类建设工程项目的重要性程度、场地破坏造成工程破坏的后果(人员伤亡、经济损失、社会影响及修复的可能性)及其对用地选择的影响，参照有关标准(表 3-1)，划分建设工程项目重要性分类(表 3-2)。

建设工程项目重要性分类表　　表 3-2

重要性等级	破坏后果	项目类别
Ⅰ	极严重	甲类建筑：核电站，一级水工建筑物、三级特等医院等
Ⅱ	很严重	村镇重大建设项目：乙类建筑；村镇新区建设；重大的次生灾害源工程；二级(含)以上公路、铁路、机场，大型水利工程、电力工程、港口码头、矿山、集中供水水源地、垃圾处理场、水处理厂等

续表

重要性等级	破坏后果	项目类别
Ⅲ	严重	村镇重要建设项目：20层以上高层建筑，14层以上体型复杂高层建筑；重要的次生灾害源工程；三级(含)以上公路、铁路、机场，中型水利工程、电力工程、港口码头、矿山、集中供水水源地、垃圾处理场、水处理厂等
Ⅳ	不严重	其他一般工程

Ⅰ级工程的用地选择需要专门研究解决，下面的用地评价方法主要针对Ⅱ～Ⅳ级工程项目的用地选择。

3.2.2 村庄建设用地的防灾重要性分类

在城镇规划中，城镇用地分类采用大类、中类和小类三个层次的分类体系，共分10大类，46中类，73小类［参见《城市用地分类与规划建设用地标准》(GBJ 137—1990)、《城市绿地分类标准(附条文说明)》(CJJ/T 85—2002)］。

城市规划所指的城市建设用地包括分类中的居住用地(R)、公共设施用地(C)、工业用地(M)、仓储用地(W)、对外交通用地(T)、道路广场用地(S)、市政公用设施用地(U)、绿地(G)和特殊用地(D)九大类用地，不包括水域和其他用地(E)。这个分类体系是从城市规划用地管理的角度出发制定的，实际上即使是同一大类用地，其工程重要性及防灾特点、防灾要求、防灾适宜性要求、灾害影响后果也不完全一样，有的还相差很大。而属于第九类其他用地中E6类的村镇居住、工业等用地实际上是村镇的建设用地，可是却未列入现有城镇建设用地范畴之内，从城镇总体防灾要求来说是不合理的，也是不符合国家当前对“三农”问题的方针政策的。这主要是因为我国城镇规划标准体系中对用地的分类和指标体系对防灾因素考虑不是太充分、城乡管理二元体制等原因，因此在进行村镇防灾适宜性评价中，需要按照灾害影响、用地性质和重要性进行分类，制定相应的适宜性评价标准和要求。

表3-3给出了村镇用地的防灾重要性分类，共分为8大类19小类。规划建设用地实际上应包括表中除EL类用地之外的所有村镇用地。

村镇用地的防灾重要性分类 表 3-3

用地类型	重要性程度	规划用地类别
特别重要用地	特别重要 SL	Ⅰ级工程项目的建设用地
基础设施建筑工程用地 IBL	重要 IBL1	T1 铁路站场，T23，T4，T5，U1，U2 交通指挥中心，U3 重要工程，U41 污水处理厂，D1 D2
	较重要 IBL2	S21 其他，U3 其他，D3
	一般 IBL3	S22 其他，S3 其他，U41 其他 U42，U5 U6，U9 其他
基础设施道路管线用地 IL	重要 IL1	T1 线路，T3
	较重要 IL2	T21，S11
	一般 IL3	R13 R23 R33 R43，T22，S12 S13 S14，U41 排水管廊，E63
公建商业用地 PL	重要 PL1	C1，C21 大商场，C22，C34 C35 大型，C4 大型场馆，C51 C52 大型，C7
	较重要 PL2	R12 R22 R32 R42 学校，C21 中型商场，C34 C35 其他，C51 C52 其他，C6 其他
	一般 PL3	R12 R22 R32 R42 其他，C21 其他，C23 C24 C25 C26，C31 C32 C33 C36，C4 其他，C53，C8，E69
居住用地 RL	较重要 RL2	R11
	一般 RL3	R21 R31，R41，E61
工业仓储用地 ML	重要 ML1	M 重要企业，W2
	较重要 ML2	M 较重要企业，W1 W3
	一般 ML3	M 其他，E62
防灾用地 HL	重要 DL1	C6 用作防灾，G11 用作中心疏散场所，U9 防洪消防
	较重要 DL2	S2 用作防灾，S3 用作防灾，U2 用作防灾，G 用作疏散
	一般 DL3	R14 R24 R34 R44
其他用地 EL	EL	G 其他，E1 E2 E3 E4 E5 E7 E8

由于我国东西部村镇经济水平的差异，表 3-3 中某些重要性高的建筑物在一般村镇中并不存在，但在东部沿海发达地区的村镇，仍有不少重要性程度高的建筑物。

3.3 村庄用地的适宜性评估与整治措施

3.3.1 村庄土地利用防灾适宜性分级标准

村镇土地利用防灾适宜性评价分级标准实际就是构建适宜性评

价指标体系。村镇所在自然地理区的不同，灾害环境的差异，土地利用适宜性的影响因素及影响方式也互有差别。同样一种灾害，在不同村镇其适宜性也有差异。在不同地理区进行村镇适宜性评价时，应因地而异，选取对当地工程建设用地影响较大的灾害影响因素作为主要评价项目，并根据村镇土地利用的防灾要求制定合理的评价指标体系。因此，土地适宜性的评价指标体系是可以因评价因子和地域不同而有差别的，很多情况下是相对的，是相对于村镇土地防灾建设条件的总体状况来说的，但对于永久不适宜的危险场地的评价标准应是具有强制性的。本手册主要给出村镇土地利用防灾适宜性标准体系的建立方法和评价要求，对村镇建设用地防灾评价具有普遍意义。

1. 村镇土地利用防灾适宜性影响因素分析

各类灾害影响因素对村镇土地利用防灾适宜性影响机制和方式是不完全一致的。在下面的分析中，把灾害影响的类型称为因素，把因素的影响程度分级称为因子。要考虑的主要灾害影响有：

(1) 地震引起的场地破坏影响主要有：地震液化、震陷、地面断裂以及滑坡、崩塌等由地震引起的地震地质灾害，一般通称为地震场地破坏效应。

(2) 影响村镇规划建设的地质灾害主要有：滑坡、崩塌、泥石流、地面塌陷、地裂缝、地面沉降等。

(3) 洪水灾害的影响主要包括洪水淹没危险性、溢洪区和泄洪区影响等。

(4) 另外对村镇土地利用有影响的还有场地类别划分。

这些影响因素对村镇用地的影响方式和特点有差异，大致可描述如下：

(1) 有些因素对村镇土地利用具有限制性，如地面断裂场地属于危险场地，不许进行工程建设，崩塌、滑坡危险区工程建设也应避开，Ⅳ类场地、严重液化场地等均为建设不利场地。不同因素的限制性程度不同，同一种因素不同危害程度对土地适宜性的限制也不尽相同。

(2) 大致说来，随着各种因素的危害程度的高低不同，体现为对场地适宜性的不利影响到有利影响。

（3）在村镇建设中，不同区块的影响因素的重要性程度不尽一致，主导因素有时也有差异。

为此，在进行村镇土地防灾适宜性评定时，需要从下述几个方面考虑各灾害因素的影响：

（1）因素的类型，不同的因素对适宜性的影响是不同的。

（2）因素对工程建设的限制性。

（3）用地的重要性和影响后果。

2. 村镇土地利用防灾适宜性标准分级体系

在进行适宜性分级时，从村镇工程建设的要求出发，参考有关标准规定，根据不同因素的影响方式和影响程度，将村镇土地利用防灾适宜性分级体系分为三个层次：类、级、亚级。亚级可在进行村镇规划时，根据各种类型的用地要求再进行细分。表3-4～表3-7给出了土地利用防灾适宜性的分级体系。

土地利用防灾适宜性的分级体系（一）　　表3-4

类	级	适宜性指数SI	适宜性定义
适宜S	高度适宜S1	0.8～1.0	灾害影响对村镇建设的土地持续利用没有限制，或即使有限制，但对工程建设的进行影响甚微，对工程建设投资影响也很小，且不会影响建成后的使用
	基本适宜S2	0.6～0.8	灾害影响对村镇建设的土地持续利用有一定限制，对工程建设的进行影响较小，但不会影响建成后的使用，可能需要采取治理措施抵御危害影响，工程建设可能需为此增加投资，但一般增加有限
	勉强适宜S3	0.4～0.6	灾害影响对村镇建设的土地持续利用有较大限制，对工程建设的进行有一定影响，大致不会影响建成后的使用，工程建设需要采取较严格的场地治理措施抵御或消除危害影响，需为此增加相当的投资，但一般不致使投资提高到超出可接受的程度
	适宜性差S4	0.2～0.4	灾害影响对村镇建设的土地持续利用有很大限制，对工程建设的进行影响很大，为不影响建成后的使用，工程建设需要采取严格的场地治理措施消除或防止危害影响，一般需要进行专门的技术治理及采取工程防治措施，需为此增加投资较多，是否超出可接受的程度需要根据具体情况确定
有条件适宜Sc			灾害影响存在较大的不确定性，有理由支持该场地可能发生建设工程无法抵御的破坏或难以治理，是否可以利用需要进一步评价

续表

类	级	适宜性指数 SI	适宜性定义
不适宜 N	局限性不适宜 NR	0.1～0.2	造成危害严重(可能造成建筑工程难以抵御的危害)、危险性较高的场地，因对危险程度或危害程度的敏感性，某些(较重要的)村镇建设土地用途不适宜，有些对危险或危害水准要求低(不太重要)的其他建设用途可以有条件使用
	永久不适宜 NP	0.0～0.1	危险场地(危害度高)，建(构)筑物一般无法或很难采取工程措施抵御可能造成的危害，工程建设应避让

土地利用防灾适宜性的分级体系(二)　　表 3-5

类	级	适宜性地质、地形、地貌描述
适宜 S	S1	不存在场地不利和破坏因素： (1) 属稳定基岩或坚硬土或开阔、平坦、密实、均匀的中硬土等场地稳定、土质均匀、地基稳定的场地； (2) 地质环境条件简单，无地质灾害破坏作用影响； (3) 无明显地震破坏效应； (4) 地下水对工程建设无影响； (5) 地形起伏即使较大但排水条件尚可
	S2	存在轻微影响的场地不利或破坏因素，一般无需采取整治措施或只需简单处理： (1) 属中硬土或中软土场地，场地稳定性较差，土质较均匀、密实，地基较稳定； (2) 地质环境条件简单或中等，无地质灾害破坏作用影响或影响轻微，易于整治； (3) 虽存在一定的软弱土、液化土，但无液化发生或仅有轻微液化的可能，软土一般不发生震陷或震陷很轻，无明显的其他地震破坏效应； (4) 地下水对工程建设影响较小； (5) 地形起伏虽较大但排水条件尚可
	S3	存在中等影响的场地不利或破坏因素，工程建设时需采取一定整治措施或对工程上部结构采取防灾措施： (1) 中软或软弱场地，土质软弱或不均匀，地基不稳定； (2) 场地稳定性差，地质环境条件复杂，地质灾害破坏作用影响大，较难整治； (3) 软弱土或液化土较发育，可能发生中等程度及以上液化或软土可能震陷且震陷较重，其他地震破坏效应影响较小； (4) 地下水对工程建设有较大影响； (5) 地形起伏大，易形成内涝
有条件适宜 Sc	Sc	存在严重影响的场地不利或破坏因素，工程建设时需采取消除性整治措施，或采取一定整治措施并对工程上部结构采取防灾措施： (1) 场地不稳定：动力地质作用强烈，环境工程地质条件严重恶化，不易整治； (2) 土质极差，地基存在严重失稳的可能性； (3) 软弱土或液化土发育，可能发生严重液化或软土可能震陷且震陷严重； (4) 条状突出的山嘴，高耸孤立的山丘，非岩质的陡坡，河岸和边坡的边缘，平面分布上成因、岩性、状态明显不均匀的土层(如故河道、疏松的断层破碎带、暗埋的塘滨沟谷和半填半挖地基)等地质环境条件复杂，地质灾害危险性大； (5) 洪水或地下水对工程建设有严重威胁

续表

类	级	适宜性地质、地形、地貌描述
不适宜N	NR	NP中危险和危害程度较低的场地
	NP	存在严重影响的场地破坏因素的通常难以整治的危险性区域： (1) 可能发生滑坡、崩塌、地陷、地裂、泥石流等的场地； (2) 发震断裂带上可能发生地表位错的部位； (3) 其他难以整治和防御的灾害高危害影响区； (4) 行洪河道

注：1. 根据该表划分每一类场地抗震适宜性类别，其中一项属于该类即划为该类场地。

2. 表中未列条件，可按其对工程建设的影响程度比照推定。

3. 适宜性分类主要依据灾害影响程度、治理难易程度和工程建设要求进行规定，其中“有条件适宜”主要指潜在的不适宜用地，但由于某些限制，场地不利因素未能明确确定，若要进行使用，需要查明用地危险程度和消除限制性因素。

土地利用防灾适宜性的分级体系(三)　　表3-6

类	级	村庄建设限制性要求
适宜S	S1	开挖山体进行建设时，应保证人工边坡的稳定性，并应符合国家相关标准要求
	S2	
	S3	工程建设应考虑不利因素影响，应按照国家相关标准采取一定的场地破坏工程治理措施，结构体系的选择适当考虑场地的动力特性，上部结构根据需要可选择采取一定工程措施抗御灾害的破坏，对于Ⅰ、Ⅱ、Ⅲ级工程尚应采取适当的加强措施
	S4	工程建设应考虑不利因素影响，应按照国家相关标准采取消除场地破坏影响的工程治理措施，或从治理场地破坏和上部结构加强两方面采取较完善的治理措施，结构体系的选择应考虑场地的动力特性。不宜选作Ⅰ、Ⅱ、Ⅲ级工程建设用地，无法避让时应采取完全消除场地破坏影响的工程措施
有条件适宜Sc	Sc	暂时不宜作为建设用地。作为工程建设用地时，应查明用地危险程度，属于危险地段时，应按照不适宜用地相应规定执行，危险性较低时，可按照相应适宜性类型的用地规定执行
不适宜N	NR	优先用作非建设用地，不宜用作工程建设用地。对于村庄线状基础设施用地无法避开时，生命线管线工程应采取有效措施适应场地破坏作用
	NP	禁止作为工程建设用地。基础设施管线工程无法避开时，应采取有效措施减轻场地破坏作用，满足工程建设要求

土地利用防灾适宜性的分级体系（四） 表 3-7

类	级	限制性	灾害影响限制性因子								
			地震破坏效应			场地类型	稳定性	地质灾害危险性		地质环境复杂程度	地形地貌
			液化	震陷	地面断裂			崩塌、滑坡、泥石流	其他		
适宜 S	S1	限制性 大——小					稳定				
	S2		轻微	轻微			较差		小	简单	
	S3		中等	中等		Ⅲ	差		中	中等	
	S4		严重	严重	三级	Ⅳ	不稳定	小	大	复杂	地震动效应大，场地明显不均匀
有条件适宜	Sc										
不适宜 N	NR				二级			中			
	NP				一级			大			

注：1. 崩塌、滑坡的危险性应评价地震动的影响。

2. 表中粗线所框的表示限制程度很强。

3. 表中未列出的灾害影响因子，可按其对场地工程建设的影响程度比照推定。

4. 场地稳定性、地质灾害危险性、地质环境复杂程度可参照地质环境评价结果进行确定。

在表 3-4～表 3-7 中，从适宜性定义、地质地貌地形描述、对村镇规划建设影响、灾害影响限制因子四个方面给出了适宜性级别的分级分类标准，在其中灾害影响描述中对象强震地面断裂等对村镇规划建设限制性强的因子则采用则较为明确的描述，而对限制性较小的因素其危害程度则多采用了定性语言，表示了其危害程度对适宜性的影响具有相对性，对村镇土地利用的强制性弱一些，在村镇进行土地利用规划时可根据整体情况进行调整。在表中特别给出了有条件适宜的分类，应该说它不完全是一种单独的分级，因此并没有为之定义适宜性指数值，它是为了适应村镇土地利用中对一些风险不明确或者当前技术水平难以治理或治理起来代价太大的情况。

表 3-4～表 3-7 给出的是一个比较宽适应性的等级划分标准，在具体进行村镇土地利用防灾适宜性评价时，可根据前述分级标准，按照下述原则建立与村镇土地利用的具体情况和规划设计的层

次相适应的防灾适宜性评价指标体系：

(1) 所建立的指标体系应让村镇规划和建设管理的决策者容易理解。

(2) 所选择的各类评价指标的基础评价数据应尽量与有关规范标准相一致，容易获取，基础评价数据应尽量与所建立指标分级体系的测度(如适宜性指数 SI)相一致或可经过预处理与之相一致。

(3) 分级体系对村镇不同地块的评价结果应具有一致性。

(4) 分级体系应与所进行规划设计层次相适应。村镇详细规划时应建立更细致的分级指标体系，在村镇用地用途分析的基础上，针对特定用途及场地破坏的影响制定适宜性指标分级标准。

3.3.2 村庄土地利用防灾适宜性评价方法

1. 村镇土地利用防灾适宜性评价原则

(1) 适宜性与限制性相结合

适宜性和限制性反映土地利用评价的两个不同侧面。有些因素对土地利用起适宜性为主的作用，有些因素起限制性为主的作用，有些二者兼有。对不同的建设用地类型其适宜程度也有差别。评价时，既要考虑土地对村镇工程建设的适宜类别及程度，又应反映灾害危害影响对村镇工程建设的限制类别和程度，并把二者紧密结合起来，这是土地利用防灾适宜性评价的基本原则。

(2) 多宜性与主宜性相结合

村镇工程建设用地类型多种多样，因而很多地块具有多宜性。但仅揭示其多宜性(适宜性范围)是不够的，特别对于限制性用地，要明确评定其主宜性，这样可以更好地为村镇工程建设及村镇规划决策服务。

(3) 综合分析与主导因素分析相结合

村镇土地的形成过程是地质、地貌、土壤、植被、水文及人类活动等要素相互作用构成的综合体，在土地使用过程中还受到多种灾害因素的影响。各因素之间相互作用，相互影响，构成村镇土地系统的各种特性和功能，从而决定村镇土地的适宜性。因此，评价时必须遵循土地自身规律，既要重视综合分析，又要重视土地利用中起主导作用的因素。

（4）与村镇建设用地的要求密切结合

村镇建设用地防灾适宜性评价是为合理利用村镇土地提供科学依据，使各土地使用方式能与其自然条件和灾害影响环境相协调，减少不合理利用而带来的经济损失和危害。因而评价中必须从合理利用村镇土地的角度出发。

（5）地域差异原则

土地的地域差异规律是土地的自然和社会经济各因素不同组合以及遭受各种灾害影响的结果，它反映了地域内土地生产力利用效益上的差别。因此村镇土地利用适宜性评价指标体系，应考虑村镇的土地条件和特性的分布与组合规律，所选择的因素指标应能反映研究区内部的区域差异，便于比较。

（6）可操作性原则

评价方法与选用的指标要简单明确，指标的独立性强，要尽量采用现有的各部门、各学科评价结果数据、图件和村镇规划建设部门所掌握的资料。成果应以 GIS 系列图形来表现，直观、简明、便捷、实用，方便数据的更新、添加和修改，直接为政府相关部门所采用。

（7）涉及多学科的交叉研究

土地利用防灾适宜性是一个系统工程，涉及多个领域、多个部门，如村镇建设、规划、地质、水文水利、地理、气象、环境、地震、经济等等，因此必须充分利用这些部门、学科的已有资料、评价结果数据进行综合分析。

（8）持续利用原则

土地评价中所说的土地对某种用途或利用方式的适宜性，是指土地在长期持续利用条件下的适宜性。不能仅顾及眼前利益，而应从村镇土地可持续利用、保证村镇可持续发展的需要出发。

2. 土地利用防灾适宜性评价技术路线

土地利用防灾适宜性评价的技术路线见图 3-1，可以划分为五个阶段：

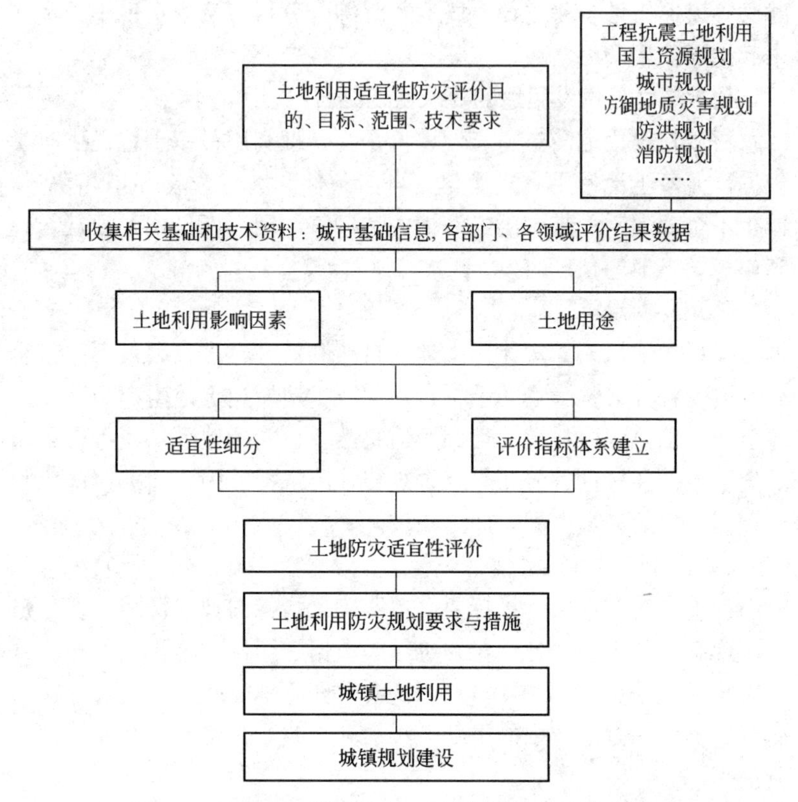

图 3-1 村镇土地利用防灾适宜性评价技术路线示意图

(1) 制定土地利用防灾适宜性评价的目的、目标、评价范围和技术要求。

(2) 收集相关基础资料，进行场地防灾性能评价，划分出用地防灾类型分区和有利不利地形影响估计。

(3) 分析村镇土地利用影响因素和土地用途构成，建立评价指标体系。

(4) 进行土地防灾适宜性评价。

(5) 根据适宜性评价结果提出有关土地利用建议和对策。

3.3.3 场地防灾整治措施

我国的村庄绝大部分是历史上自然发展形成的。根据各地村庄整治的要求，重点针对危险性不适宜地段的设施与建(构)筑物，根据土地利用防灾适宜性分类和建设用地限制性要求对相应的工程设施进行整治。在村庄整治过程中，对于一些规模较大的村庄，重点通过工程性措施防治或降低可能发生的灾害影响，对于个别规模较小分散布局的村落和散居农户的整治重点在躲避，可通过避让危险性不适宜地段的方式解决安全居住问题。

村庄现状用地中的下列危险性地段，禁止进行农民住宅和公共建筑建设，既有建筑工程必须进行拆除迁建，基础设施线状工程无法避开时，应采取有效措施减轻场地破坏作用，满足工程建设要求：

(1) 可能发生滑坡、崩塌、地陷、地裂、泥石流等的场地；

(2) 发震断裂带上可能发生地表位错的部位；

(3) 行洪河道；

(4) 其他难以整治和防御的灾害高危害影响区。

4 消防整治

消防设施是村庄最重要的公共设施之一。村庄消防整治应根据现状及发展要求、易燃物的存在与可燃性、人口与建筑物密度、引发火灾的偶然性因素及历史火灾经验等，进行火灾危险源的调查及其影响评估，提出相应防御要求和整治措施，包括村庄消防安全布局、村庄建筑消防、消防分区、消防通道、消防用水、消防设施安排等。

4.1 村庄消防安全布局

4.1.1 消防安全布局原则

村庄消防整治应贯彻“预防为主、防消结合”的方针，积极推进消防工作社会化，针对消防安全布局、消防站、消防供水、消防通信、消防通道、消防装备、建筑防火等内容进行综合整治。

4.1.2 消防安全整治要求

(1) 村庄内生产、储存易燃易爆化学物品的工厂、仓库必须设在村庄边缘或相对独立的安全地带，并与人员密集的公共建筑保持规定的防火安全距离。

严重影响村庄安全的工厂、仓库、堆场、储罐等必须迁移或改造，采取限期迁移或改变生产使用性质等措施，消除不安全因素。

(2) 生产和储存易燃易爆物品的工厂、仓库、堆场、储罐等与居住、医疗、教育、集会、娱乐、市场等之间的防火间距不应小于50m，并应符合下列规定：

1）烟花爆竹生产工厂的布置应符合现行国家标准《民用爆破器材工厂设计安全规范》(GB 50089—1998)的要求。

2)《建筑设计防火规范》(GB 50016—2006)规定的甲、乙、丙类液体储罐和罐区应单独布置在规划区常年主导风向下风或侧风方向，并应考虑对其他村庄和人员聚集区的影响。

(3) 合理选择村庄输送甲、乙、丙类液体、可燃气体管道的位置，严禁在其干管上修建任何建筑物、构筑物或堆放物资。管道和阀门井盖应有明显标志。

(4) 应合理选择液化石油气供应站的瓶库、汽车加油站和煤气、天然气调压站、沼气池及沼气储罐的位置，并采取有效的消防措施，确保安全。

燃气调压设施或汽化设施四周安全间距需满足城镇燃气输配的相关规定，且该范围内不能堆放易燃易爆物品。通过管道供应燃气的村庄，低压燃气管道的敷设也应满足城镇燃气输配的有关规范，且燃气管道之上不能堆放柴草、农作物秸秆、农林器械等杂物。

(5) 打谷场和易燃、可燃材料堆场，汽车、大型拖拉机车库，村庄的集贸市场或营业摊点的设置以及村庄与成片林的间距应符合农村建筑防火的有关规定，不得堵塞消防通道和影响消火栓的使用。

(6) 村庄各类用地中建筑的防火分区、防火间距和消防通道的设置，均应符合农村建筑防火的有关规定；在人口密集地区应规划布置避难区域；原有耐火等级低、相互毗连的建筑密集区或大面积棚户区，应采取防火分隔、提高耐火性能，开辟防火隔离带和消防通道，增设消防水源，改善消防条件，消除火灾隐患。防火分隔宜按 30～50 户的要求进行，呈阶梯布局的村寨，应沿坡纵向开辟防火隔离带。防火墙修建应高出建筑物 50cm 以上。

(7) 堆量较大的柴草、饲料等可燃物的存放应符合下列规定：

1）宜设置在村庄常年主导风向的下风侧或全年最小频率风向的上风侧。

2）当村庄的三、四级耐火等级建筑密集时，宜设置在村庄外。

3）不应设置在电气设备附近及电气线路下方。

4）柴草堆场与建筑物的防火间距不宜小于 25m。

5）堆垛不宜过高过大，应保持一定安全距离。

（8）村庄宜在适当位置设置普及消防安全常识的固定消防宣传栏；易燃易爆区域应设置消防安全警示标志。

4.2 村庄建筑防火

4.2.1 村庄建筑防火的一般规定

民用建筑和村庄厂(库)房的耐火等级、允许层数、允许占地面积及建筑构造防火要求应符合农村建筑防火的表 4-1 和表 4-2 的规定。

民用建筑的耐火等级、允许层数、允许占地面积、允许长度　　表 4-1

耐火等级	允许层数	允许占地面积(m^2)	防火区允许长度(m)
一、二级	五层	2000	100
三级	三层	1200	80
四级	一层 二层	500 300	40 20

注：体育馆、剧院、商场的长度可适当放宽。

厂(库)房的耐火等级、允许层数和允许占地面积、允许长度　　表 4-2

火灾危险性分类	耐火等级	允许层数	一栋建筑的允许占地面积(m^2)
甲、乙	一、二级	二层	300
丙	一、二级 三级	三层 二层	1000 500
丁、戊	一、二级 三级 四级	五层 三层 一层	不限 1000 500

注：1. 甲、乙类厂房和乙类库房宜采用单层建筑；甲类库房采用单层建筑。

2. 单层乙类库房，占地面积不超过 150m^2 时，可采用三级耐火等级的建筑。

3. 火灾危险性分类，应符合《村镇建筑设计防火规范》(GBJ 39—1990)附录二、三的规定。

4.2.2 村庄建筑物防火间距

1. 一般民用建筑防火间距

民用建筑的可燃物较少，与一些厂房或库房相比火灾危险性小，起火后对周围环境的影响范围也较小。在报警及时的情况下，消防人员一般可在火灾初始阶段到达现场。当三级耐火等级的民用建筑起火时，能会对站在7m前后的灭火人员构成较大威胁，而对处在8m外的其他三级耐火等级建筑，如果没有水枪射水冷却则便会起火。因此，对三级与三级耐火等级的民用建筑物可采用8m的防火间距，四级与四级耐火等级的民用建筑物之间可增大到12m，而一、二级耐火等级民用建筑物的防火间距可减小到6m。在村庄建筑物整治过程中必须保证予以满足建筑物防火间距的最低要求(表4-3)。

一般民用建筑的防火间距 **表4-3**

耐火等级	耐火等级		
	一、二级	三级	四级
	防火间距(m)		
一、二级	6	7	9
三级	7	8	10
四级	9	10	12

注：两栋建筑相邻较高一面的外墙为防火墙或两相邻外墙均为非燃烧体实体墙，且无外露可燃屋檐时，其防火间距不限。

2. 厂房和库房的防火间距

厂房和库房不同于民用建筑，厂房或库房内由于设备、电器和可燃物资比较多，火灾的危险性也就较大。一旦失火，燃烧产生的有害物质对周围环境的影响也会比较大。因此，此类建筑的防火间距应适当加大，特别是那些存储易燃易爆物品的仓库，防火间距要更大一些。在村庄整治过程中，厂(库)房的防火间距不宜小于表4-4的规定。

厂(库)房之间的防火间距　　表 4-4

耐火等级	耐火等级		
	一、二级	三级	四级
	防火间距(m)		
一、二级	8	9	10
三级	9	10	12
四级	10	12	14

注：1. 防火间距应按照相邻建筑物外墙的最近距离计算，如外墙有凸出的燃烧物，则应从凸出部分外缘算起。
2. 散发可燃气体，可燃蒸汽的甲类厂房之间或与其他厂(库)房之间的防火间距，应按本表增加 2m，与民用建筑的防火间距不应小于 25m。
3. 甲类物品库房之间以及一、二、三级耐火等级的厂(库)房之间的防火间距不应小于 12m，甲、乙类物品库房与民用建筑之间的防火间距不应小于 25m。
4. 两栋建筑相邻较高一面的外墙为防火墙或两相邻外墙均为非燃烧体实体墙，且无外露可燃屋檐时，其防火间距不限。但甲类厂房之间不宜小于 4m。
5. 厂房附设有化学易燃物品的室外设备时，其外壁与相邻厂房室外设备外壁之间的防火间距，不应小于 8m。室外设备外壁与相邻厂房外墙之间的防火间距，不宜小于本表规定。

3. 堆场、贮罐的防火间距

甲、乙、丙类液体贮罐区，乙、丙类液体桶装露天堆场以及易燃、可燃材料堆场在发生火灾时会对周围建筑物产生很大影响，因此，防火等级要求较高，防火间距也相应较大，在村庄整治过程中，其防火间距不宜小于表 4-5 和表 4-6 的规定。

液体贮罐、堆场与建筑物的防火间距　　表 4-5

总贮量(m^3)		火灾危险性分类	耐火等级		
			一、二级	三级	四级
			防火间距(m)		
贮罐区或堆场	1～50	甲、乙 丙	12 10	15 12	20 18
	50～100	甲、乙 丙	15 12	20 18	25 20

注：1. 贮罐区或堆场的防火间距应从最近的罐壁或桶壁算起。
2. 一、二、三级耐火等级的建筑，当相邻外墙无门窗洞口，且无外露的可燃屋檐时，乙、丙类液体贮罐或堆场与建筑物的防火间距，可按本表防火间距减少 20%。
3. 甲类桶装液体不应露天堆放。
4. 火灾危险性分类应符合《村镇建筑设计防火规范》(GBJ 39—1990)附录三的规定。
5. 甲、乙类液体储罐和乙类液体桶装露天堆场，距明火或散发火花地点的防火间距不宜小于 30m，距民用建筑不宜小于 25m；距主要交通道路边沟外沿不宜小于 20m。

易燃、可燃材料堆场与建筑物的防火间距 表 4-6

堆场名称	堆场总储量	耐火等级		
		一、二级	三级	四级
		防火间距(m)		
粮食土圆仓、席茓囤	30～500(t) 501～5000(t)	8 10	10 12	15 18
棉、麻、毛、化纤、百货等	10～100(t) 101～500(t)	8 10	10 12	15 18
稻草、麦秸、芦苇等	50～500(t) 501～5000(t)	10 12	12 15	18 20
木材等	50～500(m^3) 501～5000(m^3)	8 10	10 12	15 18

注：1. 易燃、可燃材料堆场与甲、乙类液体贮罐和甲、乙类可燃气体贮罐的防火间距，不宜小于 25m；与丙类液体贮罐和乙类助燃气体贮罐的防火间距，不宜小于 20m。
2. 室外电力变压器与甲、乙类液体贮罐和易燃、可燃材料堆场的防火间距，不宜小于 25m；与丙类液体贮罐的防火间距不宜小于 20m。

4.3 村庄消防供水

4.3.1 消防水源

村庄消防供水宜采用消防、生产、生活合一的供水系统，并应符合下列规定(表 4-7)：

村庄消防供水水源 表 4-7

序号	消防给水水源	选用条件	技术要求
1	给水管网	火场周围有生活、生产或消防给水管网，并能供给消防用水，一般情况下应优先采用	(1) 消防给水管道为环状； (2) 进水管不宜小于两条，并宜从两条不同方向的给水管引入
2	消防水池	(1) 给水管道和进水管或天然水源不能满足消防用水量； (2) 给水管道为枝状或只有一条进水管(二类建筑的住宅除外)； (3) 生活、生产和消防用水量达到最大时，室外低压消防给水管道的水压达不到 100mH_2O； (4) 不允许消防水泵从室外给水管网直接吸水	(1) 有足够的有效容量； (2) 便于消防车和消防水泵吸水； (3) 寒冷地区应有防冻措施

续表

序号	消防给水水源	选用条件	技术要求
3	天然水源	(1) 天然水源丰富； (2) 与火场距离较近	(1) 确保枯水期最低水位时消防用水量； (2) 取水方便，在最低水位时能吸上水； (3) 水中不含易燃，可燃液体； (4) 悬浮物杂质不应堵塞喷头孔口； (5) 寒冷地区应有可靠防冻措施； (6) 取水设施有相应保护措施

(1) 具备给水管网条件时，管网及消火栓的布置、水量、水压应符合现行国家标准《建筑设计防火规范》(GB 50016—2006)及农村建筑防火的有关规定；利用给水管道设置消火栓，间距不应大于 120m；

(2) 不具备给水管网条件时，应利用河湖、池塘、水渠等水源进行消防通道和消防供水设施整治；利用天然水源时，应保证枯水期最低水位和冬季消防用水的可靠性；

(3) 给水管网或天然水源不能满足消防用水时，宜设置消防水池，消防水池的容积应满足消防水量的要求；寒冷地区的消防水池应采取防冻措施；

(4) 利用天然水源或消防水池作为消防水源时，应配置消防泵或手抬机动泵等消防供水设备。

4.3.2 取水平台

在村庄整治过程中，应在村庄周围的池塘、水库、河流、湖泊等水系附近合理设置若干消防取水平台，以完善消防供水系统。取水平台与村庄道路间修建消防车联系通道，并应保证枯水期最低水位消防用水的可靠性。

4.3.3 消防水池

村庄消防供水系统管网应布置成环状，在村庄区域中若确有困难设置成枝状管网和当符合下列情况之一时，应设置消防水池。

(1) 无村庄消火栓的区域；

(2) 无村庄消防车道的区域；

(3) 消防供水不足的区域和建筑物密集区(包括大面积的棚户区或建筑物耐火等级低的建筑密集区，历史文化街区，文物保护单位)。

设置消防水池，其容量须满足火灾延续时间内消防用水量的要求。甲、乙、丙类液体贮罐和易燃、可燃材料堆场的火灾延续时间，不应小于 4h，其他建筑不应小于 2h。

供消防车或消防机动泵取水的消防水池应设取水口，水池池底距设计地面的高度不应超过 5m。

当消防用水与生产、生活用水合并储存时，应将其他用水的吸水口设在消防用水的水面以上，或分隔开来，如图 4-1 所示。同时，消防水池周围须设消防车道，使其与潜在火灾危险区或密集、老旧建筑物区相连。

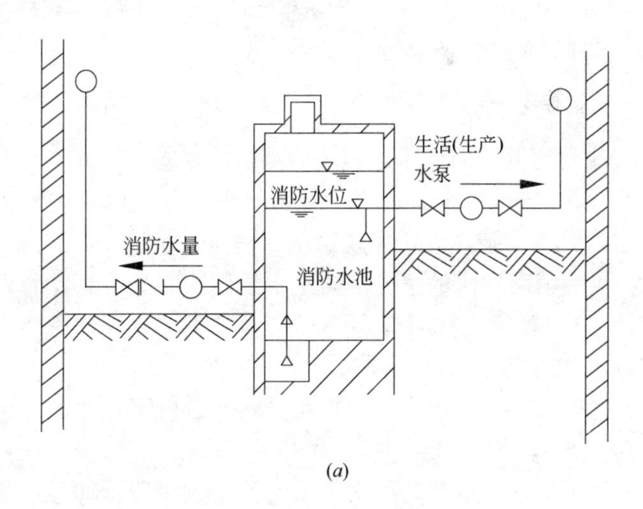

(*a*)

图 4-1 消防水池(一)

(*a*)其他用水出水管置于共用水池消防最高水位上；

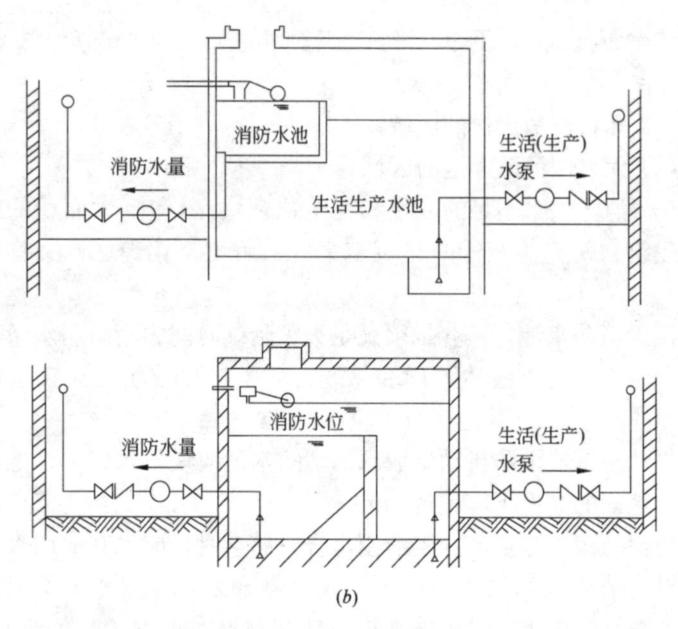

图 4-1 消防水池(二)

(b)消防用水和其他用水在公用水池内分开

4.3.4 消防给水管网

(1) 设置有给水管网的村庄及其工厂、仓库、易燃、可燃材料堆场，宜设置室外消防给水。村庄的消防给水管网，其末端最小管径不应小于 100mm。若消防用水与其他用水合并的室内管道，当其他用水达到最大流量应仍能供给全部消防水量。

(2) 供应消防用水的室外消防给水管网应布置成环状管网，在村庄整治中(包括建设初期)，可采用枝状管网，但应考虑将来有形成环状管网的可能。

(3) 为确保环状给水管网的水源，向环状管网输水的输水管不应小于两条。

(4) 为了保证火场消防用水，避免因个别管段损坏导致管网供水中断，环状管网上应设置消防分隔阀门将其分成若干独立段。

(5) 为使消防队出动力量到达火场后，能就近利用消火栓一次串联供水，及时扑灭初期火灾，两阀门之间的管段上消火栓的数量不宜超过5个。

(6) 根据村庄实际情况，消防给水管网主干管应设置在村庄中心区，布置成多个环，支管向四周延伸，形成由数个环状网和部分树状网相结合的分布于整个村庄建设区的配水管网。

(7) 根据规范，消防时消火栓给水管道的设计流速不宜大于2.5m/s的规定，村庄道路上铺设的消防给水管直径不小于300mm，在局部内道路，凡是按规定应装设室外消火栓的，其给水管直径不小于200mm，建筑物室外连接消火栓的给水管道最小直径为100mm。

4.4 村庄消防设施

4.4.1 消防站布局

消防站的设置应根据村庄规模、区域位置、发展状况及火灾危险程度等因素确定，确需设置消防站时应符合下列规定：

(1) 消防站布局应符合接到报警5min内消防人员到达责任区边缘的要求，并应设在责任区内的适中位置和便于消防车辆迅速出动的地段。

(2) 消防站的建设用地面积宜符合表4-8的规定。

消防站规模分级 **表4-8**

消防站类型	责任区面积(km^2)	建设用地面积(m^2)
标准型普通消防站	≤7.0	2400～4500
小型普通消防站	≤4 0	400～1400

(3) 村庄的消防站应设置由电话交换站或电话分局至消防站接警室的火警专线，并应与上一级消防站、邻近地区消防站，以及供水、供电、供气、义务消防组织等部门建立消防通信联网。

4.4.2 消防车辆

消防站的消防车配置数量可参考《城市消防站建设标准(修订)》规定(表4-9)。

消防车库的车位数 表 4-9

消防站类型	普通消防站	
	标准型普通消防站	小型普通消防站
车辆数	4～5	2

4.4.3 消防队伍

大力发展多种形式消防队伍，建立适合农村特点的灭火救援体系，公安消防部队是灭火救援的主力军，但短期内增加编制比较困难，所以在远离县城的偏远村镇大力发展多种形式的消防队伍十分必要。《消防法》第二十七条明确规定：乡镇人民政府可以根据当地经济发展和消防工作的需要，建立专职消防队、义务消防队，承担火灾扑救工作。建立适合各类地方专职、乡镇企业等多种形式的消防队伍，是统筹城乡消防力量协调发展的迫切需要，也是有效扑救初起火灾、保护农民群众生命财产安全的重要保证。具体做法为：

1. 中心乡(镇)建立专职消防队

在农村形成以中心建制镇专职消防队为中心，其他乡镇、村消防力量为补充的农村消防队伍网络，提高农村抗御火灾的能力。中心建制镇应率先建立起专职消防队，在完成好执勤灭火任务的同时，从实际需要出发，承担起消防宣传、培训、检查，以及治安巡逻、重点单位和要害部位的警卫等任务，实现一专多能，一队多用。其他乡镇因地制宜，依托保安、治安联防等组织建立多种形式专兼职消防队，采用简易消防车、拖拉机安装水罐等形式，配备必要的灭火器材，以适应扑救农村火灾的需要。

2. 建立健全乡(镇)志愿消防队伍

乡镇志愿消防队在农村火灾扑救和预防过程中发挥着不可替代的作用，乡镇志愿消防队基本组织形式和队员为：各乡(镇)政府主管安全人员和公安派出所所长担任志愿消防队负责人，派出所全体民警和部分乡(镇)政府人员担任队员，由县(市)政府统一配发器材装备；志愿消防队听从市(县)消防指挥中心的调派和县消防人队的指派，县消防人队定期对志愿消防队进行消防技能、防火知识以及灭火常识培训，以提高志愿消防队的防火、灭火能力。

3. 人口众多的自然村组建农村义务消防队伍

部分农村距离乡镇政府较远，加上乡村公路条件较差，发生火灾时，乡镇志愿消防队不能及时到达火场，不能在火灾初期控制和扑灭火灾。鉴于距离乡镇政府较远村镇火灾的严峻形势，在人口较多的自然村建立义务消防队显得极为重要，具体组织形式可以参考如下：队员组成：村委会主官带头，村(居)委会先进分子本人提出申请，经审查批准后方可加入；装备配置：为拥有水泵的村委会配备水枪、水带等设施，做好农用水泵消防化改造，以适应消防工作的需要。同时，消防部门要组织人员定期对义务消防队进行基本业务指导，以便在火灾初期能够有效地控制火势和扑灭火灾，减少火灾带来的经济损失。

普通消防站一个班次执勤人员配备，可按所配消防车每台平均定员 6 人确定，其他人员配备应按照有关规定执行。一般情况下，消防站一个班次执勤人员和其他人员配备，应符合表 4-10 的规定。

消防站一个班次执勤人员和其他人员配备数量(人)　　表 4-10

消防站类型	普通消防站	
	标准型普通消防站	小型普通消防站
人数	30～40	15

注：表中配 4 辆车时取下限，配 5 辆车时取上限。

4.4.4 消防站装备

普通消防站装备的配备应适应扑救本责任区内一般火灾和抢险救援的需要，各种装备的配置标准可参考表 4-11～表 4-15。

各类消防站配备的消防车辆品种及数量　　表 4-11

类型 消防站 品种	普通消防站	
	标准型普通消防站	小型普通消防站
水罐消防车	1	1
水罐或泵浦消防车	1	1
水罐或泡沫、干粉消防车	1	—
举高消防车	1*	—
抢险救援消防车	1*	—

注：带“*”车种，车辆总数为 4 辆时选一辆。

消防站主要消防车辆的技术性能 表 4-12

技术性能 \ 消防站类型		普通消防站			
		标准型普通消防站		小型普通消防站	
发动机最大功率(kW)		118		118	
最大装载重量(kg)		8000		8000	
水罐消防车出水性能	出口压力(MPa)	1	1.8	1	1.8
	流量(L/s)	40	20	40	20
水罐消防车出泡沫性能(类)		A、B		A、B	
举高消防车额定工作高度(m)		20		—	
抢险救援消防车	最大起吊重量(kg)	3000		—	
	最大牵引质量(kg)	10000		—	

消防站灭火器配备标准 表 4-13

名称 \ 消防站类型	普通消防站	
	标准型普通消防站	小型普通消防站
机动消防泵(含浮泵)	2台	1台
移动式带卷盘或水带槽	2个	1个
移动式消防炮	1个	—
A、B类比例混合器、泡沫液桶、空气泡沫枪	2套	1套
消火栓扳手、水枪、水带、分水器、接口、包布、护桥等常规器材工具	按所配车辆技术标准要求配备	

消防站抢险救援器材配备标准 表 4-14

名称 \ 消防站类型	普通消防站	
	标准型普通消防站	小型普通消防站
化学侦检器材	—	—
洗消处理器材	—	—
液压破拆组合器材	1中组套	1小组套
机动切割器具	1台	1台
无火花工具	1套	—
起重气垫	1套	—
堵漏、抽吸器材	1套	—
消防热像仪	1台	—

续表

名称 \ 消防站类型	普通消防站	
	标准型普通消防站	小型普通消防站
消防排烟机	1台	—
照明灯具	1套	1套
强光手电	每班2只	每班2只
漏泄通信救生安全绳	每班2根	每班2根
缓降器	2个	2个
挂钩梯、两节梯、三节梯、软梯等登高工具	3套	1套
平斧、铁铤等一般破拆用具	3套	1套

消防站消防人员防护器材配备品种数量　　表4-15

名称 \ 消防站类型	普通消防站	
	标准型普通消防站	小型普通消防站
消防战斗服	每人1套	每人1套
消防手套	每人2双	每人2双
消防战斗靴	每人2双	每人2双
消防防化服	4套	—
消防隔热服	每班4套	每班4套
消防避火服	2套	—
面罩外(内)置式消防头盔	每人1项	每人1项
安全带、钩、腰斧、导向绳等	每人1套	每人1套
防毒面具(含呼吸过滤罐)	每人1个	每人1个
正压式空气呼吸器	每班4具	每班4具
消防员紧急呼救器	每班4个	每班3个
绝缘手套和绝缘胶靴	每班2套	每班1套

注：寒冷地区的消防个人防护器材应考虑防寒需要。

4.5 村庄消防通道

4.5.1 消防路线的选择

根据火场发生的规模大小情况，当村庄发生较大火灾，需要远距离消防增援需求时，消防通道可选择能够到达村庄的高速、快速路和区域性主干道；当村庄发生中等火灾，需要近距离消防增援需求时，消防通道可选择能够到达村庄的区域内部主干道、次干道和支路；当村庄发生一般或较小火灾，村庄消防能够满足自身要求时，消防通道可选择能够到达村庄的村庄内部、村庄和村庄之间的内部道路。

4.5.2 消防通道保障要求

在村庄整治时，应满足消防通道要求，旧村庄改造应将打通消防通道、改善消防条件作为重要内容之一。村庄消防通道应符合现行国家标准《建筑设计防火规范》(GB 50016—2006)及农村建筑防火的有关规定，并应符合下列规定：

(1) 消防通道可利用交通道路，应与其他公路相连通。消防通道上禁止设立影响消防车通行的隔离桩、栏杆等障碍物。当管架、栈桥等障碍物跨越道路时，净高不应小于4m；

(2) 消防通道宽度不宜小于4m，转弯半径不宜小于8m；

(3) 建房、挖坑、堆柴草饲料等活动，不得影响消防车通行；

(4) 消防通道宜成环状布置或设置平坦的回车场。尽端式消防回车场不应小于15m×15m，并应满足相应的消防规范要求。

5 洪涝灾害整治

洪灾是当洪水给人类正常生活、生产带来的损失与祸患时称为洪水灾害，它是通常所说的水灾和涝灾的总称。水灾一般是指因河流泛滥淹没田地所引起的灾害；涝灾是指因过量降雨而产生地面大面积积水或土地过湿使作物生长不良而减产的现象。因为水灾和涝灾常同时发生，有时也难以区别，所以常把水灾和涝灾统称为洪水灾害，简称洪灾或水灾。

因此，洪涝灾害作为村庄整治的主要组成部分，有必要掌握防洪减灾的基本知识和改造工程措施。本章主要结合《村庄整治技术规范》(GB 50445—2008)，介绍洪涝灾害整治的有关问题。

5.1 村庄防洪

5.1.1 洪水灾害的分类

洪水灾害的形成受天体背景(太阳活动、月球活动)、气候、气象、水文等自然因素与人类活动因素的影响。

1. 按洪水形成机理和环境分

主要有溃决型洪灾、漫溢型洪灾、内涝型洪灾、行蓄洪型洪灾、山洪型洪灾、风暴潮型洪灾、海啸型洪灾等。

2. 按洪水成因和地理位置分

主要有河流洪水、湖泊洪水和风暴潮洪水等。其中河流洪水是我国最常见的类型，依照其成因的不同，河流洪水又可分作以下几种类型：

(1) 暴雨洪水

暴雨洪水是最常见威胁最大的洪水。它是由较大强度的降雨形成的，简称雨洪。主要分布在长江、黄河、淮河、海河、珠江、松花江、辽河等 7 大江河下游和东南沿海地区。其主要特点是峰高量大，持续时间长，灾害波及范围广。

(2) 山洪

山洪是山区溪沟中发生的暴涨暴落的洪水。由于山区地面和河床坡降都较陡，降雨后产流和汇流都较快，形成急剧涨落的洪峰。所以山洪具有突发性、水量集中、破坏力强等特点，但一般灾害波及范围较小。这种洪水如形成固体径流，则称作泥石流。山洪主要是由山地的地形条件和地质条件决定的，但人为因素，即人类不合理的经济活动也是其成因之一。

(3) 融雪洪水

融雪洪水主要发生在高纬度积雪地区或高山积雪地区。我国新疆大部地区受冷暖气流共同影响，极易引发融雪洪水。

(4) 冰凌洪水

冰凌洪水主要发生在黄河、松花江等北方江河上。由于某些河段由低纬度流向高纬度，在气温上升，河流开冻时，低纬度的上游河段先行开冻，而高纬度的下游河段仍封冻，上游河水和冰块堆积在下游河床，形成冰坝，容易造成灾害。在河流封冻时，也有可能产生冰凌洪水。

(5) 溃坝洪水

溃坝洪水是大坝或其他挡水建筑物发生瞬时溃决，水体突然涌出，造成下游地区灾害。这种溃坝洪水虽然范围不太大，但破坏力很大。此外，在山区河流上，在地震发生时，有时山体崩滑，阻塞河流，形成堰塞湖。一旦堰塞湖溃决，也形成类似的洪水。这种堰塞湖溃决形成的地震次生水灾的损失，往往比地震本身所造成的损失还要大。

5.1.2 防洪整治的一般规定

受江、河、湖、海、山洪、内涝威胁的村庄应进行防洪整治，并应符合下列规定：

(1) 防洪整治应结合实际，遵循综合治理、确保重点；防汛与抗旱相结合、工程措施与非工程措施相结合的原则。根据洪灾类型确定防洪标准：

1）沿江河湖泊村庄防洪标准应不低于其所处江河流域的防洪标准；

2）邻近大型或重要工矿企业、交通运输设施、动力设施、[illegible]信设施、文物古迹和旅游设施等防护对象的村庄，当不能分别进[illegible]防护时，应按“就高不就低”的原则确定设防标准及防洪设施；

(2) 应合理利用岸线，防洪设施选线应适应防洪现状和天然岸线走向；

(3) 受台风、暴雨、潮汐威胁的村庄，整治时应符合防御台风、暴雨、潮汐的要求；

(4) 根据历史降水资料易形成内涝的平原、洼地、水网圩区、山谷、盆地等地区的村庄整治应完善除涝排水系统。

村庄的防洪工程和防洪措施应与当地江河流域、农田水利、水土保持、绿化造林等规划相结合并应符合下列规定：

(1) 居住在行洪河道内的村民，应逐步组织外迁；

(2) 结合当地江河走向、地势和农田水利设施布置泄洪沟、防洪堤和蓄洪库等防洪设施。对可能造成滑坡的山体、坡地，应加砌石块护坡或挡土墙。防洪(潮)堤的设置应符合国家有关标准的规定；

(3) 村庄范围内的河道、湖泊中阻碍行洪的障碍物，应制定限期清除措施；

(4) 在指定的分洪口门附近和洪水主流区域内，严禁设置有碍行洪的各种建筑物，既有建筑物必须拆除；

(5) 位于防洪区内的村庄，应在建筑群体中设置具有避洪、救灾功能的公共建筑物，并应采用有利于人员避洪的建筑结构形式，满足避洪疏散要求。避洪房屋应依据现行国家标准《蓄滞洪区建筑工程技术规范》GB 50181 的有关规定进行整治；

(6) 蓄滞洪区的土地利用、开发必须符合防洪要求，建筑场地选择、避洪场所设置等应符合《蓄滞洪区建筑工程技术规范》(GB 50181—1993)的有关规定并应符合下列规定：

1）指定的分洪口门附近和洪水主流区域内的土地应只限于农

牧业以及其他露天方式使用，保持自然空地状态。

2）蓄滞洪区内的高地、旧堤应予保留，以备临时避洪。

3）蓄滞洪区内存在有毒、严重污染物质的工厂和仓库必须制定[illegible]期拆除迁移措施。

5.1.3 防洪整治措施

防洪减灾一般需要进行工程措施和非工程措施相结合的综合治理。工程措施主要包括：为使洪水约束在河槽里并顺利向下游输送，可修筑堤防、整治河道；修建水库可控制上游洪水来量，调蓄洪水、削减洪峰；在重点保护地区附近修建分洪区(或滞洪、蓄洪区)，使超过水库、堤防防御能力的洪水有计划地向分滞洪区内分减，以保护下游地区的安全。这几种主要工程措施，在防洪运用中也是综合运用和合理调度的。

由于只靠工程措施既不能解决全部防洪问题，又受费用制约。可采用防洪非工程措施。它是指通过法令、政策、经济手段和工程以外的其他技术手段，以减少洪灾损失的措施。非工程措施包括：加强洪泛区土地管理，建立洪水预报警告系统，拟定居民的应急撤离计划和对策，实行防洪保险等。

防治洪水还应当蓄泄兼施、标本兼治，有计划地进行堤防加固、水库除险和河道整治；实行封山育林，退耕还林，扩大林草植被，涵养水源，加强流域水土流失的综合治理。

1. 防洪减灾的工程措施

(1) 防洪堤墙

当村庄位置较低或地处平原地区时，为了抵御历时较长、洪水较大的河流洪水，修建防洪堤是一种常用而有效的方法。

根据村庄的具体情况，可以在河道一侧或两侧修建防洪堤。例如：防洪堤(图 5-1)可以有效地保护江河两岸的土地；当不适合修建堤防，可加筑防护墙(图 5-2)，在那些没有修建有效防洪工程的地方，应该采用沙袋或者其他机动的建筑材料(图 5-3)；在村庄附近的堤防工程，宜采用防洪墙。防洪墙可采用钢筋混凝土结构，高度不大时也可采用混凝土或浆砌石防洪墙。

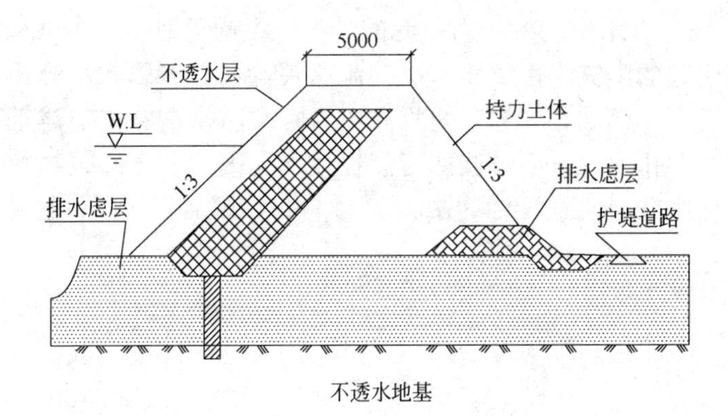

图 5-1 防护堤(三重堤举例)

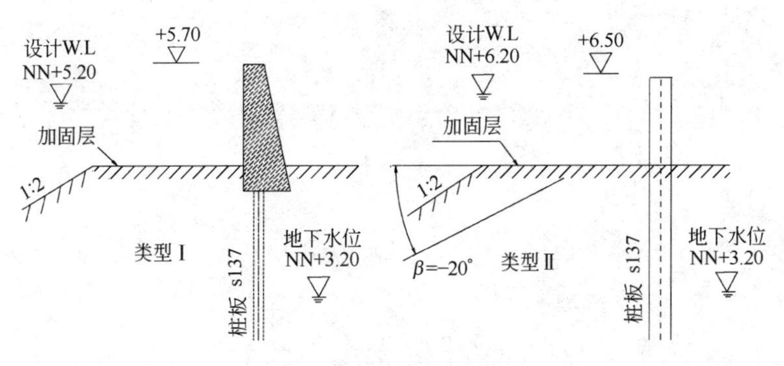

图 5-2 防护墙的地基(举例)

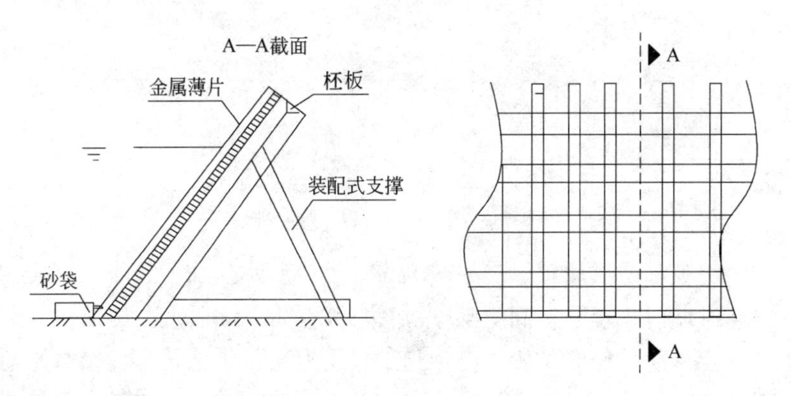

图 5-3 机动防洪设施的建造

因地下水位的抬高而引起的洪灾，不同于地面积水以及江河泛滥引起的洪灾。由于蓄水层的流速较低，受灾区的水流相应的比较缓慢。例如，在为建筑物修建的各类防洪措施中，建筑物的密封处和排水区发生渗漏的可能性较大。因为村庄建筑物的地下部分往往有诸如地下室等结构物(图 5-4)，因而，必须引起足够的重视。

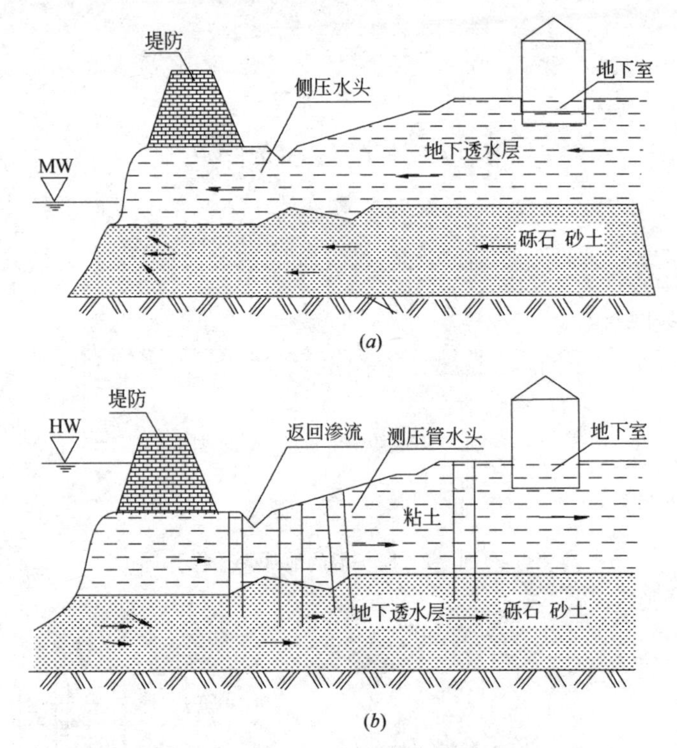

图 5-4　地下水位的抬高引起的洪灾

(a)中低水位下地下水的测压管水头分布；(b)洪水位下地下水的测压管水头分布

堤顶和防洪墙顶标高一般为设计洪(潮)水位加上超高。当堤顶设防洪墙时，堤顶标高应高于洪(潮)水位 0.5m 以上。堤线选择就是确定堤防的修筑位置，与河道的情况有关。堤线选择应结合现有堤防设施，综合地形、地质、洪水流向、防汛抢险、维护管理等因素确定，并与沿江(河)设施相协调。具体而言，堤线选择应注意以下几点：

1）堤轴线应与洪水主流向大致平行，并与中水位的水边线保持一定距离，这样可避免洪水对堤防的冲击和在平时使堤防不浸入水中。

2）堤的起点应设在水流较平顺的地段，以避免产生严重的冲刷，堤端嵌入河岸3～5m。

3）为将水引入河道而设于河滩的防洪堤，其堤防首段可布置成“八”字形，这样还可避免水流从堤外漫流和发生淘涮。

4）堤的转弯半径应尽可能大一些，力避急弯和折弯，一般为5～8倍的设计水面宽。

5）堤线宜选择在较高的地带上，不仅基础坚实、增强堤身的稳定，也可节省土方、减少工程量。

(2) 排洪沟与截洪沟

排洪沟。排洪沟是为了使山洪能顺利排入较大河流或河沟而设置的防洪设施，应对原有冲沟的整治，加大其排水断面，理顺沟道线形，使山洪排泄顺畅。其布置原则为：

1）应充分考虑周围的地形、地貌及地质情况。为减少工程量，可尽量利用天然沟道，但应避免穿越城区，保证周围建筑群的安全。

2）排洪沟的进出口宜设在地形、地质及水文条件良好的地段。出口处可设置渐变段，以便于与下游沟道平顺衔接，并应采取适当的加固措施。排洪沟出口与河道的交角宜大于90°，沟底标高应在河道常水位以上。

3）排洪沟的纵坡应根据天然沟道的纵坡、地形条件、冲淤情况及护砌类型等因素确定，当地面坡度很大时，应设置跌水或陡坡，以调整纵坡。

4）排洪沟的宽度改变时应设渐变段，平面上尽量减少弯道，使水流通畅。弯道半径根据计算确定，一般不得小于5～10倍的设计水面宽度。

5）在一般情况下，排洪沟应做成明沟。如需做成暗沟时，其纵坡可适当加大，防止淤积，且断面不宜太小，以便抢修。

6）排洪沟的安全超高宜在0.5m左右，弯道凹岸还需考虑水流离心力作用所产生的超高。

7）在排洪沟内不得设置影响水流的障碍物，当排洪沟需要穿越道路时，宜采用桥涵。桥涵的过水断面不应小于排洪沟的过水断面，且高度与宽度也应适宜，以免发生壅水现象。

截洪沟。截洪沟是排洪沟的一种特殊形式。位居山麓或土塬坡底的城镇、厂矿区，可在山坡上选择地形平缓、地质条件较好的地带，也可在坡脚下修建截洪沟，拦截地面水，在沟内积蓄或送入附近排洪沟中，以免危及村庄安全。其布置原则为：

1）应结合地形及村庄排水沟、道路边沟等统筹设置。

2）为了多拦截一些地面水，截洪沟应均匀布设，沟的间距不宜过大，沟底应保持一定坡度，使水流畅通，避免发生淤积。

3）在山地村庄，因建筑用地需要改缓坡为陡坡（切坡）的地段，为防止陡坡崩塌或滑坡，在用地的坡顶应修截洪沟。坡顶与截洪沟必须保持一定距离，水平净距不小于3～5m。当山坡质地良好或沟内有铺砌时，距离可小些，但不宜小于2m。湿陷性黄土区，沟边至坡顶的距离应不小于10m。

4）有些村庄的用地坡度比较大，一遇暴雨很快形成漫流，此时在建筑外围应修截洪沟，使雨水迅速排走。

5）比较长的截洪沟因各段水量不同，其断面大小应能满足排洪量的要求，不得溢流出槽。

6）截洪沟的主要沟段及坡度较陡的沟段不宜采用土明沟，应以块石、混凝土铺砌或采用其他加固措施。

7）选线时要尽量与原有沟埂结合，一般应沿等高线开挖。

（3）防洪闸

防洪闸指村庄防洪工程中的挡洪闸、分洪闸、排洪闸和挡潮闸等。

闸址选择应根据其功能和使用要求，综合考虑地形、地质、水流、泥沙、潮汐、航运、交通、施工和管理等因素，应选在水流流态平顺，河床、岸坡稳定的河段。其中，泄洪闸宜选在顺直河段或截弯取直的地点。分洪闸应选在被保护村庄上游，河岸基本稳定的弯道凹岸顶点稍偏下游处或直段。挡潮闸宜选在海岸稳定地区，以接近海口为宜，并应减少强风强潮影响，上游宜有冲淤水源。水流流态复杂的大型防洪闸闸址选择，应有水工模型试验验证。

(4) 排涝设施

当村庄或工矿区地势较低，在汛期排水发生困难以致引起涝灾时，可修建排水泵站排水，或者将低洼地填高，使水能自由流出。修建排水泵站排水主要有以下几种情况：

1）在村庄周围干流和支流两侧均筑有堤防，支流的水可以顺利排入河道，而堤内地面水在出现洪峰时排泄不畅，可设置排水泵站排水。

2）干流筑有堤防，支流上游修有水库，并可根据干流水位的高低控制水库的蓄泄洪量时，村庄临近干流地段的地面积水可设排水泵站排水。

3）干流筑有堤防，支流的洪水由截洪沟排入下游，其余地区的地面水可设排水泵站排水。

4）干流筑有堤防，支流的水在汛期由于受倒灌影响难以排入干流，同时支流流量很小，堤内有适当的蓄水坑或洼地时，可以在其附近设排水泵站排水。

在村庄用地中，可能存在一些局部低洼地区。这些地区面积不大，不便修建堤防，可将低洼地区填土，以提高地面高程。填高地面应与村庄建设相配合，有计划地将某些高地进行修正，其开挖的土石方则为填平低洼地的土源。根据建设用地需要，可分期填土，也可以一次完成，填土的高度应高于设计洪水位。

2. 防洪减灾的非工程措施

防洪非工程措施，是通过法令、政策、行政管理、经济手段和其他非工程技术手段，以达到减少洪灾损失的目的。非工程措施实际上并不能减少洪水流量或增加洪水下泄的能力，它是利用自然和社会的条件去适应洪水的特性，以减少洪水灾害带来的损失。例如建立和健全洪水预警系统，实行洪水保险制度等。

防洪减灾的措施很多，归纳起来如图 5-5 所示。

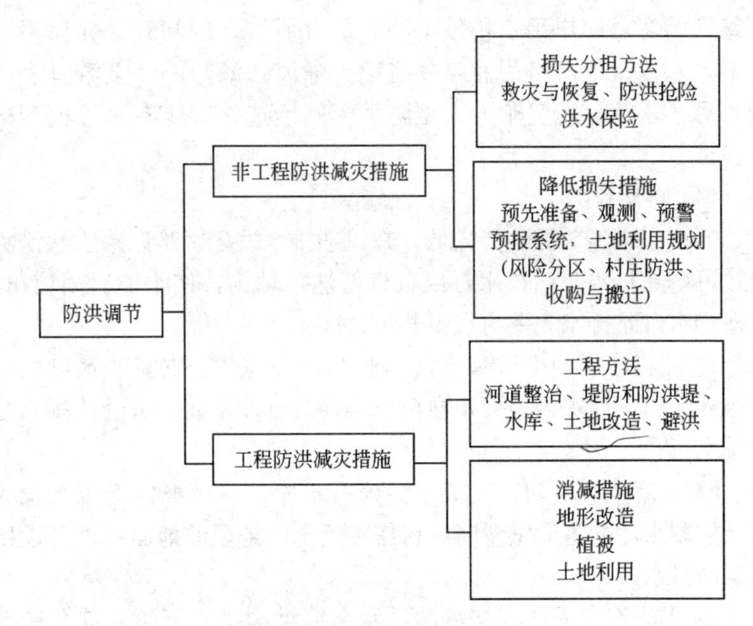

图 5-5 防洪减灾措施分类图

5.1.4 河道整治工程

平原河道可形成不同的河型，主要有顺直微弯型、蜿蜒曲折型和游荡不定型三种。

顺直微弯型，其特点是中水河槽比较顺直或略有弯曲，深槽与浅滩相间，但滩槽水深相差不大；蜿蜒曲折型，其特点是中水河槽左右弯曲，两个相反弯道间由过渡段连接，弯顶为深槽，对岸为边滩，过渡段为浅滩；游荡不定型，其特点是河身比较顺直。但往往宽窄相间，窄段水流集中，对下游河势有一定控制作用。宽段河身浅，水流湍急、沙滩密布，汊道交织，河床演变迅速，主流摆动不定、流象险恶。

为了稳定河势、改善和调整河道形态，以满足防洪、输水等的要求，需要对流道加以整治。河道的整治工程主要有：护岸工程、整治建筑物、河道整治工程、分洪工程(进洪设施、泄洪设施、分洪道和滞洪区)。

1. 护岸工程

为防止堤防、河滩、岸坡被冲刷和崩塌，使其河槽宽度和平面形态，既能满足泄洪要求，又能符合河床演变规律并保持相对稳定的主要工程，可采用护岸工程。它包括护坡、护脚两部分。护坡一般采用干砌石、浆砌石、混凝土板、砖、草皮等。而护脚又可分为垂直防护和水平防护。一般垂直防护多采用浆砌块石或干砌条石，其深度应超过河床可冲刷的深度。水平保护一般采用抛石、石笼等柔性结构。

2. 整治建筑物

为稳定河势、调整水流修建的水厂建筑物称为整治建筑物，通常采用的水工建筑物有：顺坝、丁坝、柳坝、混凝土格栅坝等。

顺坝是一种大致与河道平行的水工建筑物。顺坝不改变原有水流结构，主要作用是调整河宽、保护堤岸、引导水流趋于平顺，以改善水流条件，如图 5-6 所示。顺坝可分为透水的和不透水的，一般多作成透水的。透水顺坝可由桩坝或混凝土格栅坝组成；不透水顺坝一般为砌石结构。

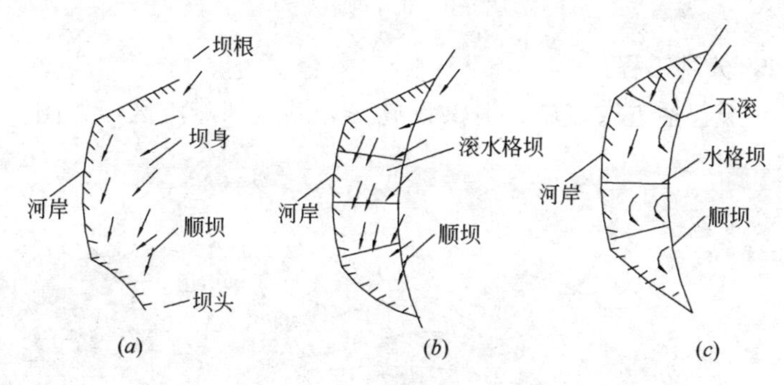

图 5-6 顺坝平面布置

(a)不设格坝；(b)设格坝滚水；(c)设格坝不滚水

丁坝是与河岸汇交或斜交、伸入河道中的水工建筑物。丁坝可分为长丁坝、短丁坝和圆盘坝，如图 5-7 和图 5-8 所示。长丁坝可使水流动力轴线发生偏转，趋向河心，起挑流作用。由丁坝组成的护岸工程能控导流势，保护堤岸，又有约束水流、堵塞岔口、淤填滩岸的作用。丁坝的构造如图 5-9 所示。

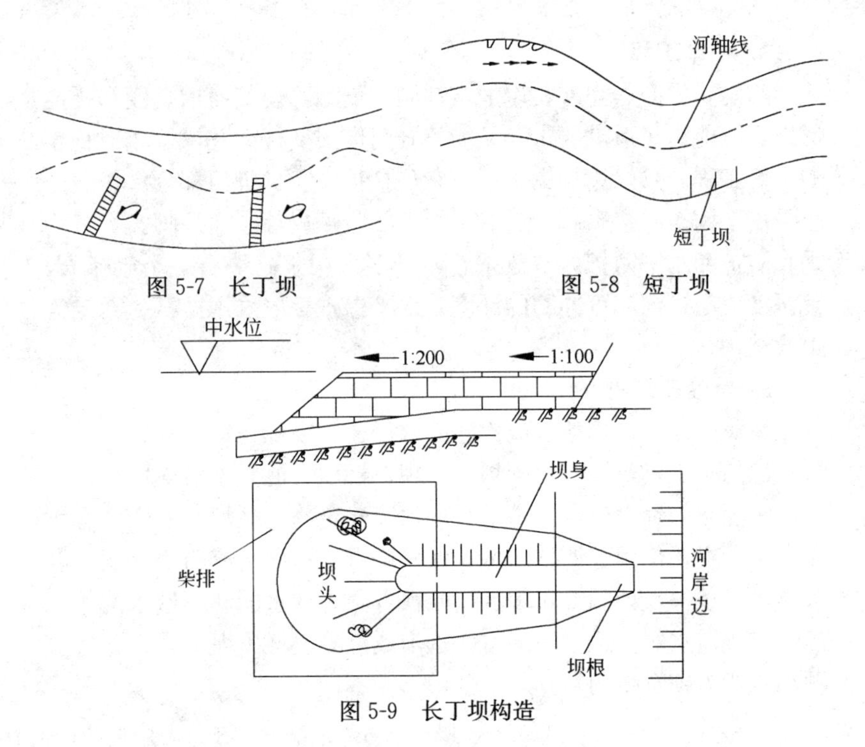

图 5-7 长丁坝

图 5-8 短丁坝

图 5-9 长丁坝构造

3. 分洪工程

一般包括进洪设施、泄洪设施、分洪道和滞洪区，如图 5-10 所示。

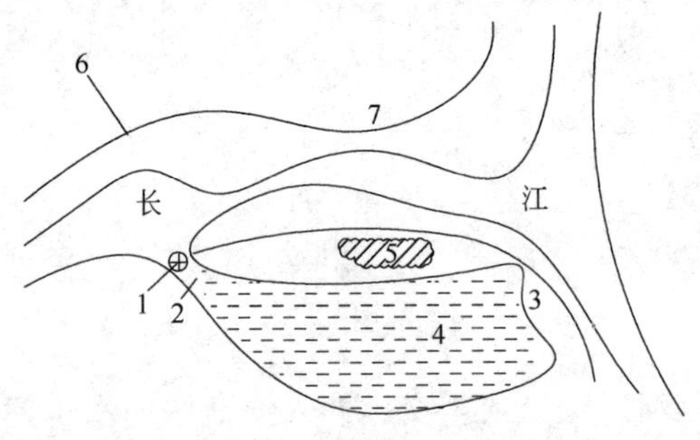

图 5-10 分洪与滞洪工程示意图

1—分洪闸；2—分洪道；3—泄洪闸；4—滞区；5—安全区；6—防洪堤；7—保护区

(1) 进洪设施

进洪设施一般建于河道堤防一侧的分洪区或分洪道的首部。其类型可分为三种：

1）有控制的进洪设施。在河道地方的一侧或分洪道进口处，修建分洪闸，通过控制闸门启闭达到分洪、泄洪的目的。

2）半控制的进洪设施。在分洪口门或分洪道进口处，修建溢流堰，不设闸门控制，一旦洪水涨至分洪水位，即溢流堰顶高程时，可自行漫溢分洪，水位降低后，分洪也将停止。

3）无控制的进洪设施。无控制的进洪设施，是在进洪口处设置一段较低的堤埝，在需要分洪时，通过洪水漫溢而自溃或采用爆破的方法，扒口分洪。

（2）分洪道

分洪道一般分以下几种类型：

1）直接分洪入海或其他河流，河道中、下游的城市河段，由于河道过洪能力较小，来水量超过河道的安全泄量，可考虑开挖分洪道，分泄一部分洪水直接入海或者流入附近其他河流。

2）分洪入分洪区或洼淀，将超过河道安全泄量的洪水，经分道分洪入分洪区或天然洼淀。

3）分洪后仍归原河道，当河道各河段的安全泄量不平衡时，对于安全泄量较小的卡口河段，如有合适的条件，可采用开挖分洪道，绕过卡口河段，以平衡各河段的安全泄量。

（3）滞洪区

滞洪区是利用天然湖泊、洼地或修筑围堤来调蓄分洪流量的临时平原水库，滞洪区进口设置、进洪设施，并沿滞洪区边缘修筑围堤，形成封闭或半封闭区域，把洪水约束在所规定的范围之内，在出口设置排水退水设施。以利于滞洪后恢复生产。滞洪区边上必须设置避洪安全区。由于滞洪区可起暂时储蓄洪水的作用，因此对峰型尖瘦、洪水陡涨陡落的河流具有显著的削减洪峰的效果。

5.2 村庄堤防工程

5.2.1 堤型类型

一般情况下，根据抵御洪水的类型分，有河堤、湖堤、海塘；

根据建筑材料类型来分，有土堤、土石堤、石堤、(钢筋)混凝土防洪墙、浆砌石防洪墙等；根据堤身断面形式来分，有斜坡式、直墙式以及复合式。在此主要介绍根据有无防渗体以及防渗体的位置可分的三种土堤：

1. 心墙土堤

它特点是，在土堤纵向的中心部位，用不透水的黏土做堤心，这种堤型施工比较麻烦、干扰较大。典型的心墙土堤设施方案如图 5-11 所示。

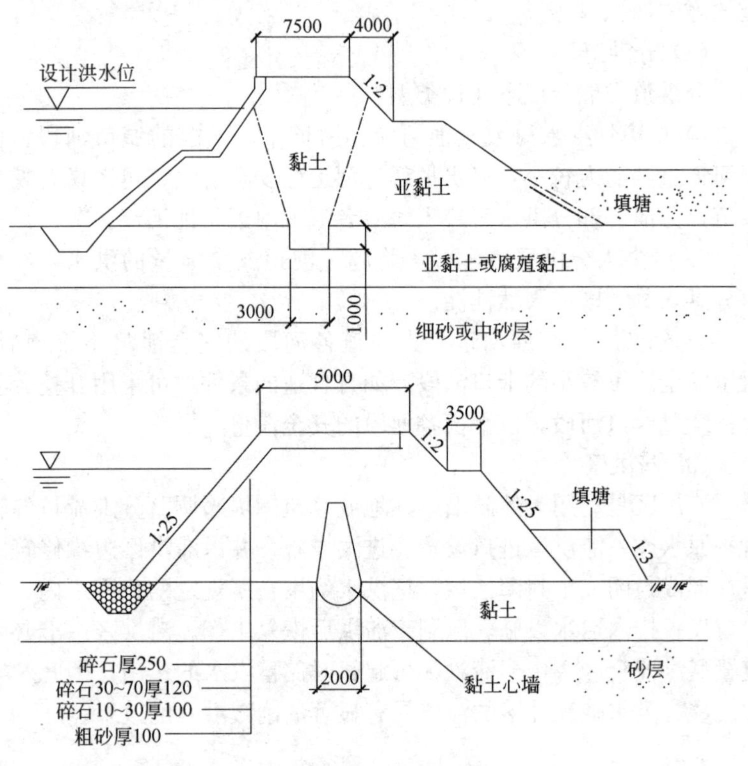

图 5-11 两种形式的心墙土堤(单位：mm)

2. 斜墙土堤

它的特点是，在土堤靠近堤外侧的一边采用土质为不透水或渗透性较弱的土料筑堤。这种堤型主要是在当地黏土质和壤土质土料较少、无法满足筑堤需求时采用，图 5-12 所示为斜墙土堤。

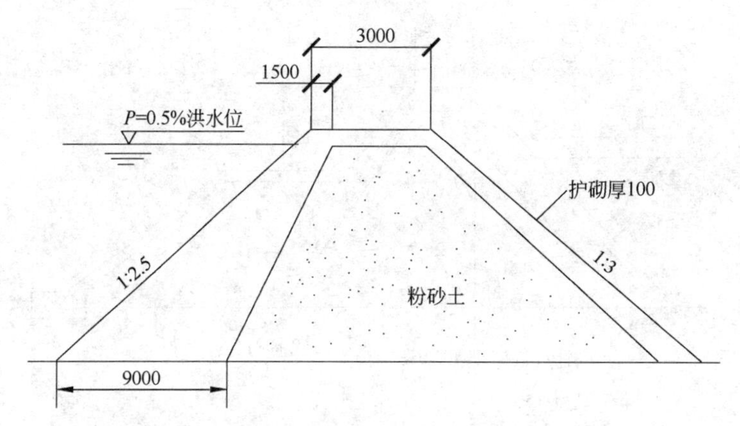

图 5-12　斜墙土堤(单位：mm)

3. 均质土堤

它的特点是，整段土堤均采用同一种土质的土料筑堤，由于均质土堤施工不受干扰，修筑方便，因此在有足够数量的黏性土或壤土的情况下，应优先考虑均质土堤。各种土质的均质土堤如图 5-13 所示。

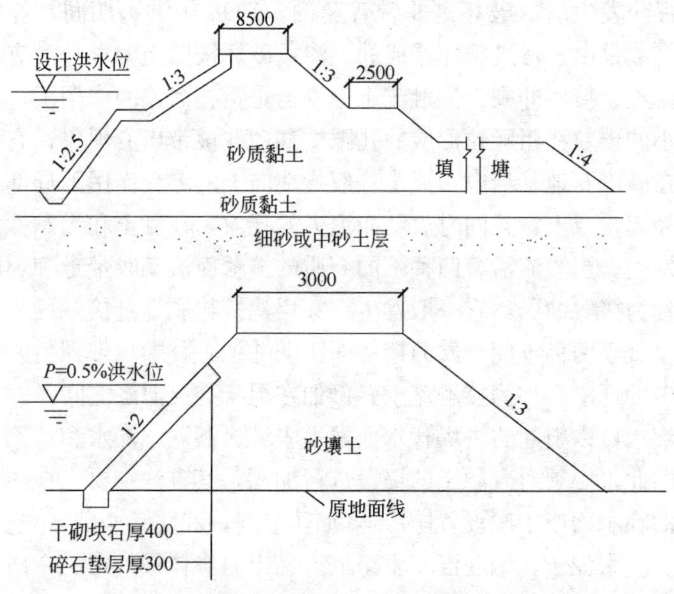

图 5-13　三种形式的均质土堤(单位：mm)(一)

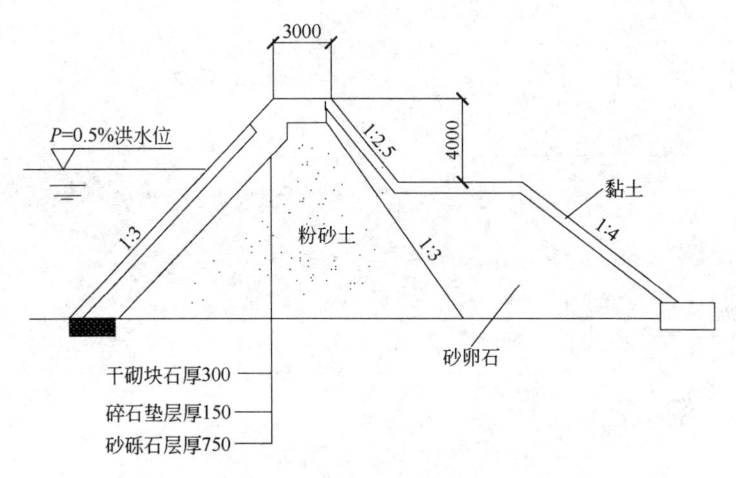

图 5-13 三种形式的均质土堤(单位：mm)(二)

5.2.2 堤防除险加固与改、扩建

1. 堤防除险加固

(1) 堤防渗透破坏的除险加固

堤防发生渗透破坏是非常普遍的。1998 年洪水期间，堤防险情大多数是由于渗透破坏造成的。渗透破坏按照土力学分类有：管涌、流土、接触冲刷、接触流土。管涌是指在渗流的作用下，土体中细小的土粒在粗颗粒形成的孔隙中移动并被带出的现象，它通常发生在砂砾石地基当中。流土一般指在向上的渗流作用下局部土体表面隆起，或土颗粒同时启动而流失的现象，在黏土和无黏性土中均可发生。当渗流沿着两种不同介质的接触面流动时带走细颗粒的现象称为接触冲刷，它一般发生在穿堤建筑物和堤身接触面上。当渗流垂直于两种不同介质的接触面运动并把一种颗粒带到另一层土层当中的现象，称为接触流土，例如在堤身与反滤层之间。

渗水可以引起防洪堤背水面发生脱坡、漏洞、渗水和坑陷等险情。因此，必须对有隐患的堤段进行加固，其方法主要是在防洪堤堤身的临水面或中间设置防渗体(如防渗斜墙和防渗心墙)，它一般由黏土、水泥土、钢筋混凝土组成。黏土防渗体最为常见，防渗斜墙或防渗心墙必须和地基的防渗体连成一体，如图 5-14(*a*)、(*b*)、 (*c*)所示。地基防渗措施通常有水平铺盖、垂直灌浆帷幕等。当地基中存在较大的承压含水层时，可采用减压排水井与地基防渗体结合使用的方式来加固除险。

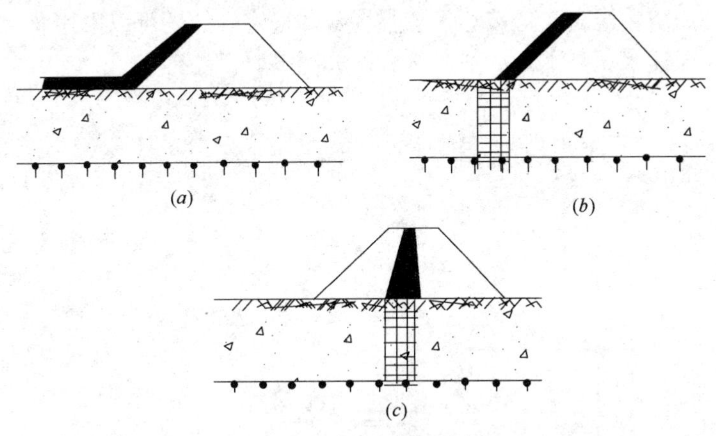

图 5-14 防渗加固示意图

(*a*)黏土斜坡加水平铺盖；(*b*)黏土斜墙加垂直灌浆帷幕；(*c*)黏土心墙加地基垂直防渗

在堤身背水面设置排水，根据排水形式的不同，又分贴坡排水和水平排水，见图 5-15。为防止细的土颗粒流失引起接触流土同时

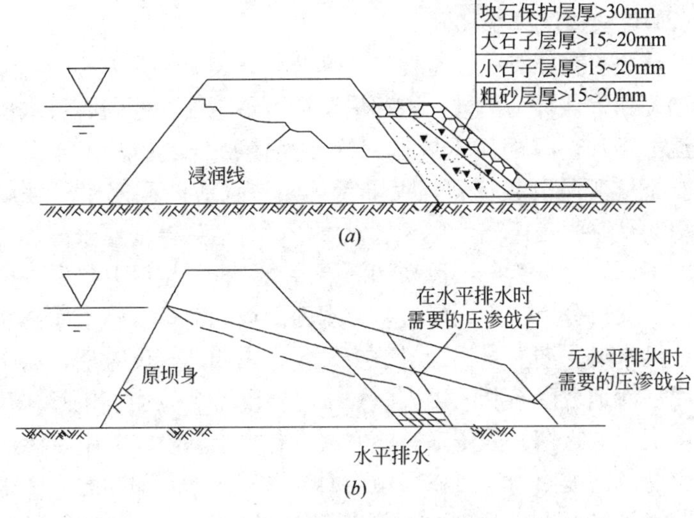

图 5-15 排水加固示意图

(*a*)贴坡排水；(*b*)水平排水

堵塞排水通道，堤身与排水体之间也必须设置反滤层。另外，为防止黏土防渗体发生裂缝或其他破坏，应设置保护层，在防渗体的背水面应设置反滤层。

为防止堤防渗透破坏，加强堤身的稳定性，还可以采用背水后戗，即透水压浸平台的加固方式，如图 5-16 所示。

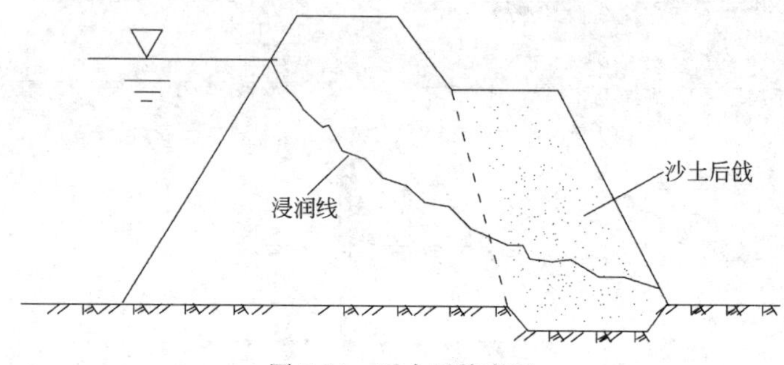

图 5-16　透水后戗意图

如果由于冲刷而引起了堤身缺陷，则可采用灌浆、回填等办法进行处理。

防渗体、排水体、透水后戗的设计与施工可参见相关参考文献。

(2) 堤防边坡失稳加固

土坡丧失其原有的稳定性，一部分土体相对于另一部分土体产生滑动，通常被称为滑坡。引起堤防滑坡最主要的原因有：水位骤降渗流力增加，降雨使土体达到饱和而使密度增加，土体浸水软化，黏土蠕变而引起抗剪强度降低，凹岸水流冲刷使岸脚坡度变陡，堤防地基强度不足，堤身填筑质量没有达到设计要求等。滑坡按形式不同，可分为浅层滑动和深层滑动两种。按照滑坡发生位置的不同，又可分为临水面滑坡，背水面滑坡和崩岸。临水面滑坡多发生在洪水退水期，背水面滑坡多发生在汛期高水位时期，崩岸主要发生在滩地坡度较陡的堤段。

根据滑坡险情，采用适当的方法进行加固除险。若由于渗流问题所引起的滑坡隐患，可以采用上面渗透破坏除险加固的方法来消除。若滑坡已经发生，则要看滑坡破坏的程度。若仅仅是浅层滑坡，地基土体基本保持原样，可以将滑坡体挖除后，重新按照堤防填筑标准回填即可，如图 5-17 所示。

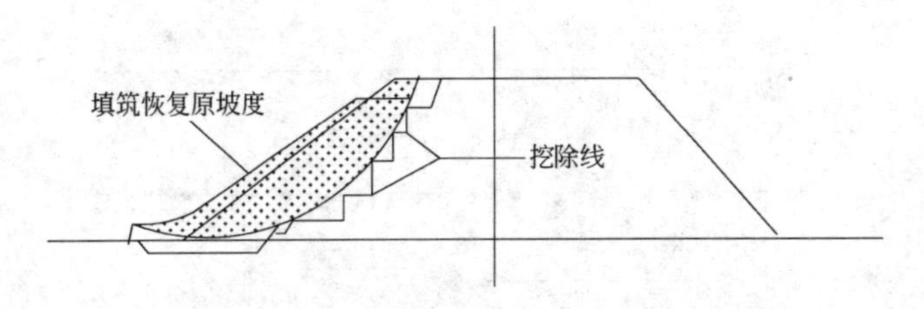

图 5-17 重新填筑的堤防断面示意图

若滑坡为深层滑动，由于滑动面一部分深入地基，此时挖除全部滑坡会产生比较大的危险。因此，可以考虑挖除部分堤身滑坡体，根据滑坡后重新设计的稳定断面填筑如图 5-18 所示；也可以考虑采用地基加固处理滑坡，地基处理的方法有水泥土搅拌桩、高压旋喷桩、振冲碎石桩、压力灌浆等，如图 5-19、图 5-20 所示。

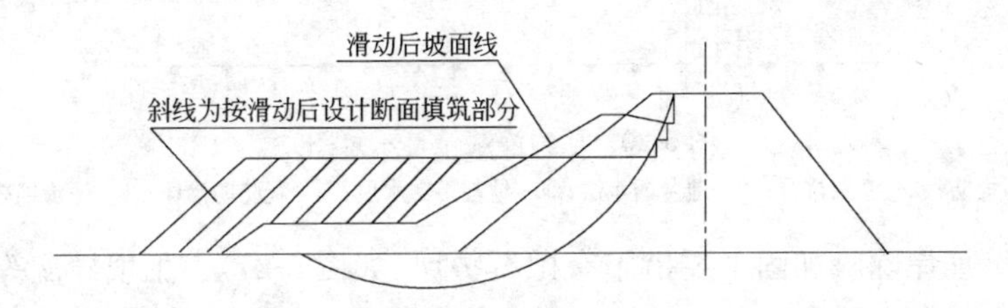

图 5-18 按滑坡后设计的稳定断面重新填筑示意图

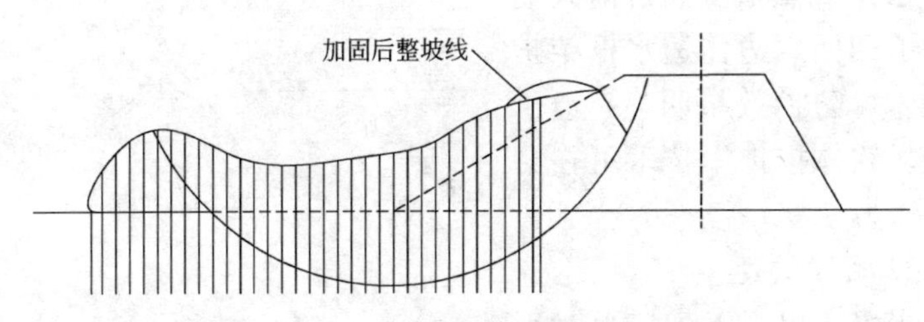

图 5-19 水泥土搅拌桩处理滑坡示意图

关于各种地基处理方法的设计与施工工艺，请参见有关文献（如江正荣. 地基与基础工程施工手册. 北京：中国建筑工业出版社，1997，253～305）。

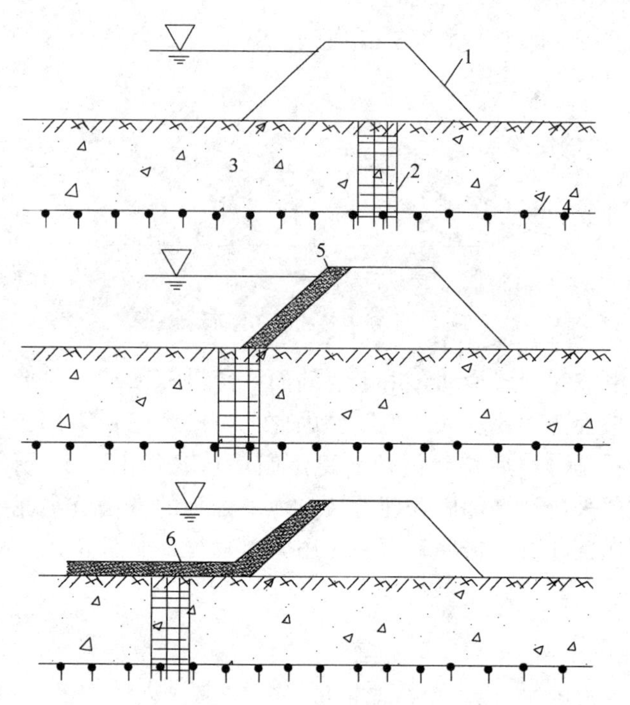

图 5-20 压力灌浆帷幕示意图

1—堤防；2—灌浆帷幕；3—地基透水层；4—地基不透水层；5—堤防防渗体；6—防渗铺盖

崩岸除险加固主要措施有抛石护坡（如图 5-21）、丁坝导流等，其中前者应用最为广泛。由于抛石量为每延米岸线 100～200m^3，此种方法用石量极大。目前人们研制了四面六边体透水框架护岸技术，防护效果明显，造价低廉。软体排护岸技术可在必要时作为参考。

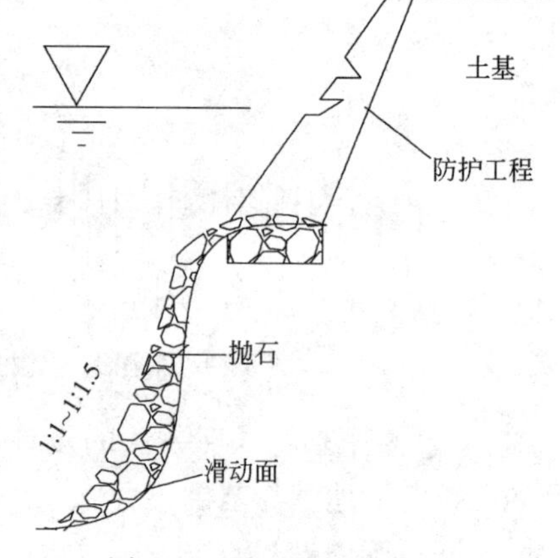

图 5-21 抛石护坡示意图

2. 堤防改建

当堤防出现下列情况时可以考虑改建：

（1）堤距过窄，局部形成卡口，影响洪水正常宣泄；

（2）主流逼岸，堤身坍塌，

难以固守；

(3) 海涂淤涨扩大，需要调整堤线位置；

(4) 原堤线走向不合理；

(5) 原堤身存在严重问题难以加固。

改建堤段应与原有堤段平顺连接。当改建堤段与原堤段不相同时，两者的结合部位应设置渐变段。

5.3 堤防扩建

当现有的堤防高度不能满足防洪要求时，应进行扩建。土堤扩建宜采用临水侧帮宽加高。当临水侧滩地狭窄或有防护工程时，可采用背水侧帮宽加高。靠近城市、工矿企业等地，土地占用受到限制时，宜采取在堤顶加修防浪墙或在堤脚加挡土墙的方式加高。对浆砌石和混凝土防洪墙加高应符合下列要求：

(1) 对墙的整体稳定性、渗透稳定性以及断面强度有较大富余者，可在原墙身顶部直接加高；

(2) 墙的整体稳定性和渗透稳定性不足而墙身断面强度有较大富余者，应加固地基、接高墙身；

(3) 墙的稳定性和断面强度均不足者，应结合加高全面进行加固，可拆除原墙建新墙。

对新老堤防的结合部位及穿堤建筑物与堤身的连接部位应进行专门设计。土堤扩建使用的土料应与原土料特性相近，若土料特性相差较大，则应设置过渡层。扩建所用的土料标准不应低于原堤身的填筑标准。堤岸防护工程加高应核算其整体稳定性和断面强度，不满足要求时，应结合加高进行加固。

5.4 村庄防洪救援系统建设

5.4.1 应急疏散点

村庄防洪保护区应制定就地避洪设施规划，有效利用安全堤防，合理规划和设置安全庄台、避洪房屋、围埝、避水台、避洪杆架等避洪场所。

(1) 蓄滞洪区内学校、工厂、商店、办公、仓库等单位应利用屋顶或平台等建设集体避洪安全设施。

(2) 修建围埝、安全庄台、避水台等就地避洪安全设施时，其位置应避开分洪口、主流顶冲和深水区，其安全超高值应符合表5-1规定。安全庄台、避水台迎流面应设护坡，并设置行人台阶或坡道。

就地避洪安全设施的安全超高　　表5-1

安全设施	安置人口(人)	安全超高(m)
围　埝	地位重要、防护面大、安置人口≥10000的密集区	>2.0
	≥10000	2.0～1.5
	≥1000～<10000	1.5～1.0
	<1000	1.0
安全庄台、避水台	≥1000	1.5～1.0
	<1000	1.0～0.5

(3) 高杆树木可就地避洪，村民住宅旁宜有计划种植高杆树木，以便分洪时，就近避险。

5.4.2 应急救援资源配置

村庄防洪救援系统，应包括应急疏散点、救生机械(船只)、医疗救护、物资储备和报警装置等。

村庄防洪通信报警信号必须能送达每户家庭，并应能告知村庄区域内每个人。

5.5 村庄防涝措施

5.5.1 一般规定

村庄应选择适宜的防内涝措施，当村庄用地外围有较大汇水汇入或穿越村庄用地时，宜用边沟或排(截)洪沟组织用地外围的地面汇水排除。

村庄排涝整治措施包括扩大坑塘水体调节容量、疏浚河道、扩建排涝泵站等，应符合下列规定：

(1) 排涝标准应与服务区域人口规模、经济发展状况相适应，重现期可采用5～20年；

(2) 具有排涝功能的河道应按原有设计标准增加排涝流量校核河道过水断面；

(3) 具有旱涝调节功能的坑塘应按排涝设计标准控制坑塘水体的调节容量及调节水位，坑塘常水位与调节水位差宜控制在0.5～1.0m；

(4) 排涝整治应优先考虑扩大坑塘水体调节容量，强化坑塘旱涝调节功能。主要方法包括：

1) 将原有单一渔业养殖功能坑塘改为养殖与旱涝调节兼顾的综合功能坑塘。

2) 调整农业用地结构，将地势低洼的原有耕地改为旱涝调节坑塘。

3) 受土地条件限制地区，宜采用疏浚河道、新、扩建排涝泵站的整治方式。

5.5.2 防内涝工程措施

(1) 当只有局部用地受涝又无大的外来汇水且有蓄涝洼地可以利用时，可采取蓄调防涝方案，利用蓄积的内涝水改善环境或做他用；建设用地可采用重力排水；

(2) 当内涝频率不大又无大的外来汇水、区域内易于实施筑堤防涝方案，且比采用回填防涝方案更经济合理时，可采用局部抽排防涝；

(3) 当内涝频率高又有大的外来汇水且不能集中组织抽排，但附近有土可取，采用回填防涝方案较筑堤防涝更经济合理时可采用局部回填方案；此时，回填用地高程高于设防水位不应小于0.5m，用地内地面雨水采用重力排水；

(4) 当内涝频率高又有大的外来汇水且受涝影响范围大，但附近又无土可取时，需设置防涝堤来保护用地。防涝堤宜高于设防水位 0.5m，用地内雨水采用局部抽排。当采用筑堤抽排防涝时，用地的规划高程可不作规定；

（5）村庄用地外围多数还有较大汇水需汇入或穿越村庄用地范围后才能排出，若不妥善组织，任由外围雨水进入村庄用地内的雨水排放系统，将大大增加投资，甚至形成内涝威胁，影响整个村庄雨水排放系统的正常使用。因此宜在用地外围设置雨水边沟，在村庄用地内设置排(导)洪沟，共同排除外围过境雨水。

6 地质灾害整治

据不完全统计，全国有 350 多个县的上万个村庄受崩塌、滑坡、泥石流的严重危害。按照国务院第 394 号令《地质灾害防治条例》和国土资源部国土资发［2004］69 号《关于加强地质灾害危险性评估工作的通知》等有关文件的定义，地质灾害是指由于自然产生和人为诱发的对人民生命和财产安全造成危险的地质现象，主要包括滑坡、崩塌、泥石流、地面沉降、地面塌陷等。

本章内容只涉及狭义的地质灾害。其中，地震灾害整治在本书第 7 章有专门章节介绍，这里就着重介绍滑坡、崩塌、泥石流、地面沉降、地面塌陷等灾害的防治。

6.1 滑坡灾害整治

6.1.1 滑坡要素

斜坡上的岩土体由于种种原因在重力作用下沿一定软弱面整体向下滑动的现象叫滑坡。通常，一个发育完全的、比较典型的滑坡，在地表显示出一系列滑坡形态特征，这些形态特征成为正确识别和判别滑坡的主要标志(图 6-1)。

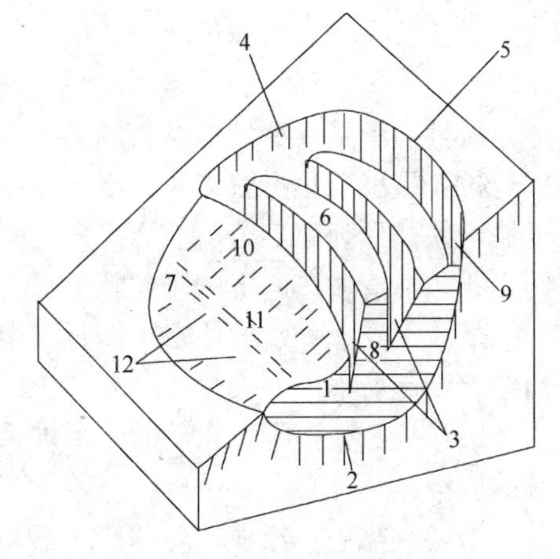

图 6-1 滑坡形态特征

1—滑坡体；2—滑动面；3—滑坡床；4—滑坡周界；5—滑坡壁；6—滑坡台阶；7—滑坡舌；8—张裂缝；9—主裂隙；10—剪裂隙；11—鼓张裂隙；12—扇形裂隙

滑坡体——沿滑动面向下滑动的那部分岩体或

土体称为滑坡体，可简称为滑体。通常滑坡体表面土石松动破碎，起伏不平，裂缝纵横，但其内部一般仍保持着未滑坡前的层位和结构。滑坡体的体积，小的为几百至几千立方米，大的可达几百万甚至几千万立方米。

滑动面——滑坡体沿其向下滑动的面称为滑动面，可简称为滑面。此面是滑坡体与下面不动的滑床之间的分界面。有的滑坡有明显的一个或几个滑动面；有的滑坡没有明显的滑动面，而有一定厚度的由软弱岩土层构成的滑动带。大多数滑动面由软弱岩土层层理面或节理面等软弱结构面贯通而成。确定滑动面的性质和位置是进行滑坡整治的先决条件和主要依据。

滑坡床和滑坡周界——滑动面以下稳定不动的岩体或土体称滑坡床；平面上滑坡体与周围稳定不动的岩体或土体的分界线称滑坡周界。

滑坡壁——滑坡体后缘与不滑动岩体断开处形成高约数十厘米至数十米的陡壁称滑坡壁，平面上呈弧形，是滑动面上部在地表露出的部分。

滑坡台阶——滑坡体各部分下滑速度差异或滑体沿不同滑面多次滑动，在滑坡上部形成阶梯状台面称滑坡台阶。

滑坡坡舌——滑坡体前缘伸出部分如舌状称滑坡舌。由于受滑床摩擦阻滞，舌部往往隆起形成滑坡鼓丘。

滑坡裂隙是在滑坡体及其周界附近有各种裂隙。其中有：

拉张裂隙——滑坡体与后缘岩层拉开时，在后壁上部坡面上留下的一些弧形裂隙，若斜坡面出现拉张裂隙，往往是滑坡将要发生的先兆。沿滑坡壁向下的张裂隙最深、最长、最宽，称主裂隙。

鼓张裂隙——滑坡体在下滑过程中，前方受阻和后部岩土挤压而向上鼓起所形成的裂隙。

扇形裂隙——滑坡滑动时，滑坡舌向两侧扩散而形成许多辐射状的裂隙。

剪切裂隙——滑坡体与两侧未滑动岩层间的裂隙。

6.1.2 滑坡的形成条件

无论天然斜坡或是人工边坡都不是一成不变的。它是在一定条件下由于各种自然和人为因素的影响而不断发展和变化着的。滑坡的形成和发展就是在一定的地貌、岩性条件下，由于自然地质或人为因素影响的产物。

1. 地层岩性

地层岩性是滑坡产生的物质基础。虽然几乎各个地质时代、各种地层岩性中都有滑坡发生，但滑坡发生的数量与岩性有密切关系，有些岩层中滑坡很多，有些岩层则很少。据统计，在如下一些地层中，滑坡特别发育：第四系的各种黏性土、黄土及黄土类土，以及各种成因的堆积层(包括崩积、坡积、洪积及人工堆积等)；第三系、白垩系及侏罗系的砂岩、页岩、泥岩和砂页岩互层，煤系地层；石炭系的石灰岩和页岩泥岩互层；以及泥质岩的变质岩系，如千枚岩、板岩、云母片岩、绿泥石片岩和滑石片岩等，质软或易风化的凝灰岩等。这些地层中滑坡之所以发育，是由于它们本身岩性较弱，在水和其他外应力作用下，易形成滑动带，这就具备了产生滑坡的基本条件。

2. 地形地貌条件

滑坡的充分条件是具备临空面和滑动面，故滑坡多在丘陵、山地和河谷地貌单元内发生。

3. 地质构造条件

地质构造与滑坡的形成和发展的关系主要表现在以下 3 个方面：

(1) 在大的断裂构造带附近，岩体破碎，构成破碎岩层滑坡的滑体，所以沿断裂破碎带往往滑坡成群分布；

(2) 各种构造结构面，控制了滑动面的空间位置及滑坡的范围；

(3) 地质构造决定了滑坡区地下水的类型、分布、状态和运动规律，从而不同程度地影响着滑坡的产生和发展。

4. 水文地质条件

各种软弱层、松散风化带容易聚水，若山坡的上方或侧面有丰富的地下水补给时，则易促进滑坡的形成和发展，其主要作用有以下 4 个方面：

(1) 地下水或地表水渗入滑体，增加滑体重量，并湿润滑带土使之强度降低；

(2) 地下水在隔水层汇集成含水层，会对上覆岩层产生浮托力，降低抗滑力；

(3) 地下水和周围岩体长期作用，不断改变周围岩土的性质和强度，从而引起滑坡的滑动；

(4) 地下水位升降还会产生很大的静水和动水压力。

5. 人为因素和其他作用的影响

人工开挖边坡，坡体上部加载(如修筑路堤、堆料、弃渣等)，改变了坡体的外形和应力状态，相对减小了斜坡的支撑力，从而引起滑坡。如铁路、公路沿线遇到的大型古、老滑坡，往往是在工程修建时复活的，说明人类活动对斜坡稳定性产生的不良影响。此外，破坏斜坡植被及覆盖层，促使斜坡风化，使地表水易于渗入，人工渠道漏水，大量的生活用水倾倒等，都可能引起斜坡的滑动。振动作用(包括地震或人工大爆破)能使岩土破碎松散，强度降低，也有利于滑坡的产生。

6.1.3 滑坡的分级、分类

1. 滑坡按强度或规模分类

按滑坡体积的大小，将滑坡强度或规模分为 4 级，见表 6-1。

滑坡分级表 **表 6-1**

强度或规模	滑坡体积($1\times10^4 m^3$)	死亡人数(人)	直接经济损失(万元)
巨型	>1000	>100	>100
大型	100～1000	10～100	10～100
中型	10～100	1～9	<10
小型	<10	0	0

2. 常见滑坡类型

根据以往经验和岩土工程原理，按照滑动面与地质构造特征可分为三种类型。

(1) 均质滑坡——发生在均质土体或极破碎的、强烈风化的岩体中的滑坡。滑动面不受岩体中结构面控制，多为近圆弧形滑面(图 6-2)。

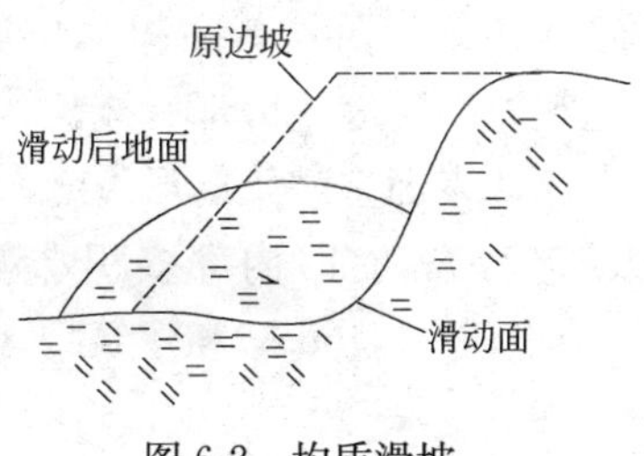

图 6-2 均质滑坡

(2) 顺层滑坡——沿岩层面或软弱结构面形成滑面的滑坡，多发生在岩层面与边坡面倾向接近，而岩层面倾角小于边坡坡度的情况下(图 6-3)。

(3) 切层滑坡——滑动面切过岩层面的滑坡，多发生在沿倾向坡外的一组或两组节理面形成贯通滑动面的滑坡(图 6-4)。

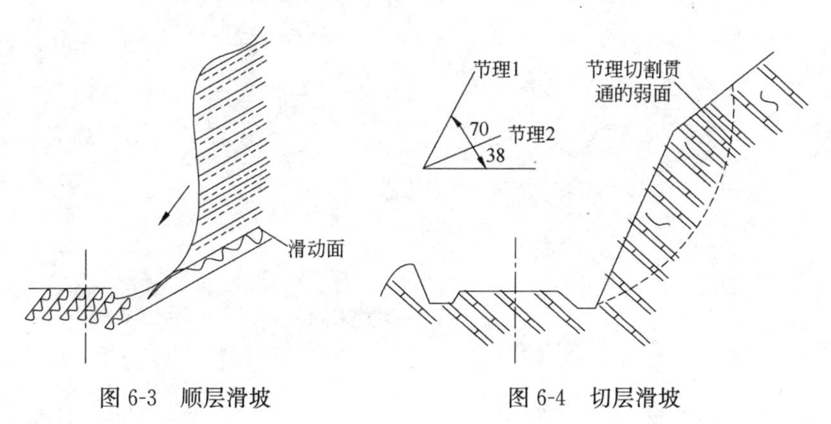

图 6-3 顺层滑坡

图 6-4 切层滑坡

6.1.4 滑坡的识别

斜坡在滑动之前，常有一些先兆现象，如地下水位发生显著变化，干涸的泉水重新出水并且混浊，坡脚附近湿地增多，范围扩大；斜坡上部不断下陷，外围出现弧形裂缝，坡面树木逐渐倾斜，建筑物开裂变形；斜坡前缘土石零星掉落，坡脚附近土石被挤紧，并出现大量故障裂缝等。

斜坡滑动之后，会出现一系列的变异现象。这些变异现象，为我们提供了在野外识别滑坡的标志，其中主要有：

1. 地形地貌及地物标志

滑坡的存在，常使斜坡不顺直、不圆滑而造成圈椅状地形和槽谷地形，其上部有陡壁及弧形拉张裂缝；中部坑洼起伏，有一级或多级台阶，其高程和特征与外围河流阶地不同，两侧可见羽毛状剪切裂缝；下部有鼓丘，呈舌状向外突出，有时甚至侵占部分河床，表面多鼓张扇形裂缝；两侧常形成沟谷，出现双沟同源现象(图 6-5)；有时内部多积水洼地，喜水植物茂盛，有“醉林”及“马刀树”(图 6-6)和建筑物开裂、倾斜等现象。

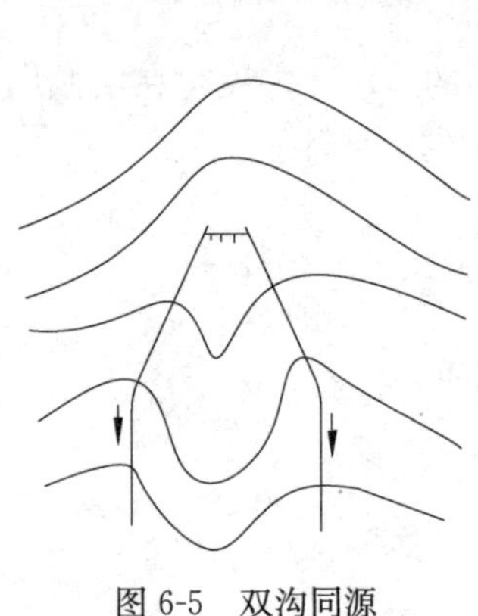

图 6-5　双沟同源

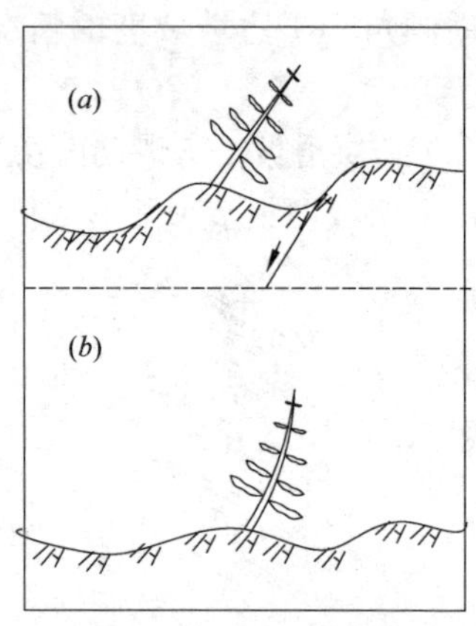

图 6-6　醉林与马刀树
(a)滑坡刚滑动不久，树木倾斜成醉林状；
(b)滑动停止时间较长，树干上部垂直地面生长，成为马刀树

2. 地层构造标志

假如斜坡地层属于软弱层或软硬相间，可以形成良好聚水条件，加上斜坡较陡，就有可能产生滑坡；如坡面松散堆积层下面为致密地层，也容易产生滑坡；如斜坡上的岩层发育有层理或有不整合面，或节理裂隙面的倾斜角大到某一限度时，也可能为滑坡的滑动面。当滑坡发生时，滑坡范围内的地层整体性常因滑动而破坏，有扰乱松动现象；层位不连续，出现缺失某一地层、岩层层序重叠或层位标高有升降等特殊变化；岩层产状发生明显的变化；构造不连续(如裂隙不连贯、发生错动)等，都是滑坡存在的标志。

3. 水文地质标志

沟谷交汇的陡坡下部或地下水露头多的斜坡地带，常发育着滑坡群。在地下水露头较多的斜坡地带，多产生浅层小滑坡，这种小滑坡因含水层与周界外的联系错断，形成单独的含水体系，有时发生

潜水位不规则和流向紊乱的现象，斜坡下部常有成排的泉水溢出。同时在滑坡周界裂缝的两侧，坡面洼地和舌部常有喜水植物茂盛生长。

上述各种变异现象，是滑坡运动的统一产物，它们之间有不可分割的联系。因此，在村庄整治中必须综合考虑几个方面的标志，互相验证，才能准确无误，绝不能根据某一标志，就轻率地作出结论。

6.1.5 滑坡稳定性的识别

滑坡稳定性在野外可从地貌形态比较、地质条件对比和影响因素变化分析等方面来判断。

1. 地貌形态比较

滑坡是斜坡地貌演变的一种形式，它具有独特的地貌特征和发育过程，在不同的发育阶段有不同的外貌形态。因此可以总结归纳出相对稳定和不稳定滑坡的地貌特征，作为判断滑坡稳定性的参考。在实践中，一般参照表 6-2 进行比较。

稳定滑坡和不稳定滑坡的形态特征 **表 6-2**

相对稳定的滑坡地貌特征	不稳定的滑坡地貌特征
(1) 滑坡后壁较高，长䝼了树木，找不到撑痕和裂缝； (2) 滑坡台阶宽大且已夷平，土体密实，无陷落不均现象； (3) 滑坡前缘的斜坡较缓，长满草木，无松散坍塌现象； (4) 滑坡两侧的自然沟谷切割很深，谷底基岩出露； (5) 滑坡体较干燥，地表一般没有泉水或湿地，滑坡舌泉水清澈； (6) 滑坡前缘舌部有河水冲刷的痕迹，舌部细碎土石已被河水冲走，残留有一些较大的孤石	(1) 滑坡后壁高、陡，未长草木，常能找到撑痕和裂缝； (2) 滑坡台阶尚保存台坎，土体松散，地表右裂缝，且沉陷不均匀； (3) 滑坡前缘的斜坡较陡，土体松散，未长草木，并不断产生少量坍塌； (4) 滑坡两侧是新生的沟谷，切割较浅，沟底多为松散堆积物； (5) 滑坡体湿度很大，地面泉水或湿地较多，舌部泉水流量不稳定； (6) 滑坡前缘正处在河水冲刷的条件下

2. 地质条件对比

在已发现的滑坡体上，仔细考察地层岩性、岩层产状、岩层成层情况及其完整性。如地质构造有无断层和不整合面，有无软弱夹层及片理或节理面。同时注意位于斜坡上的台阶、裂缝、泉水和湿地分布及含水层变化的情况，并将这些情况综合起来，与其他稳定的和不稳定的滑坡进行分析比较，从中得出结论。

3. 影响因素变化的分析

斜坡发生滑动后，如果形成滑坡的不稳定因素并未消除，则在转入相对稳定的同时，又会开始不稳定因素的积累，并导致发生新的滑动。只有当不稳定因素消除，滑坡才能由于稳定因素的逐渐积累而趋于长期稳定。

6.1.6 滑坡的整治措施

山区(包括丘陵地带)地基设计，应考虑建设场区内在自然条件下，有无滑坡现象。在山区建设时应对场区作出必要的工程地质和水文地质评价。对建筑物有潜在威胁或直接危害的大滑坡，不宜选作建设场地。当因特殊需要必须使用这类场地时，应采取可靠的整治措施。

目前常用的防治滑坡主要工程措施有地表排水、地下排水、减重及支挡工程等。选择防治措施，必须针对滑坡的成因、性质及其发展变化的具体情况而定。

1. 排水

排水措施的目的在于减少水体进入滑体内和疏于滑体中的水，以减小滑坡下滑力。

(1) 排除地表水：对滑坡体外地表水要截流旁引，不使它流入滑坡内。最常用的措施是在滑坡体外部斜坡上修筑截流排水沟，当滑体上方斜坡较高、汇水面积较大时，这种截水沟可能需要平行设置两条或三条。对滑坡体内的地表水，要防止它渗入滑坡体内，尽快把地表水用排水明沟汇集起来引出滑坡体外。应尽量利用滑体地表自然沟谷修筑树枝状排水明沟，或与截水沟相连形成地表排水系统(图 6-7)。

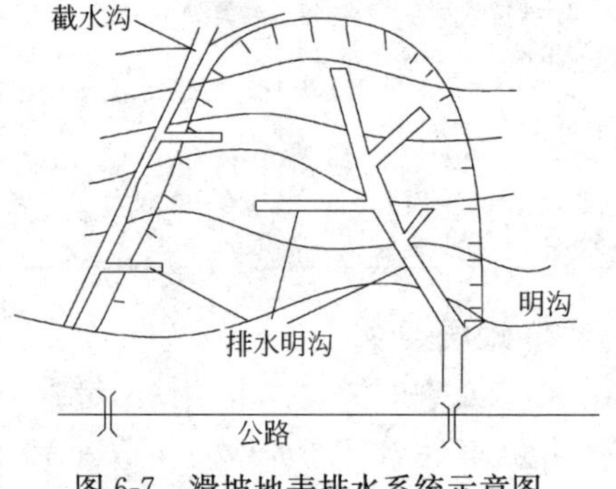

图 6-7 滑坡地表排水系统示意图

地表排水沟要注意防止渗漏，沟底及沟坡均应以浆砌片石防护。图 6-8 表示截水沟断面的构造及尺寸。

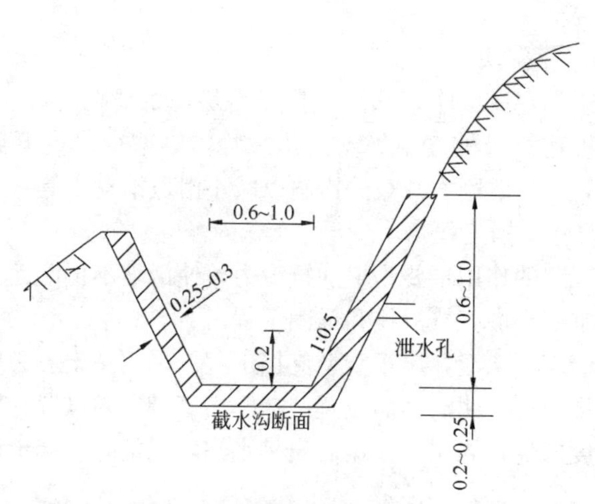

图 6-8 截水沟断面构造图(尺寸单位：m)

(2) 排除地下水：滑坡体内地下水多来自滑体外，一般可采用截水盲沟引流疏淤。对于滑体内浅层地下水，常用兼有排水和支撑双重作用的支撑盲沟截排地下水。支撑盲沟的位置多平行于滑动方向，一般设在地下水出露处，平面上呈 Y 形或 I 形(图 6-9)。盲沟(也称渗沟)的迎水面作成可汐透层，背水面为阻水层，以防盲沟内集水再渗入滑体；沟顶铺设隔渗层(图 6-10)。

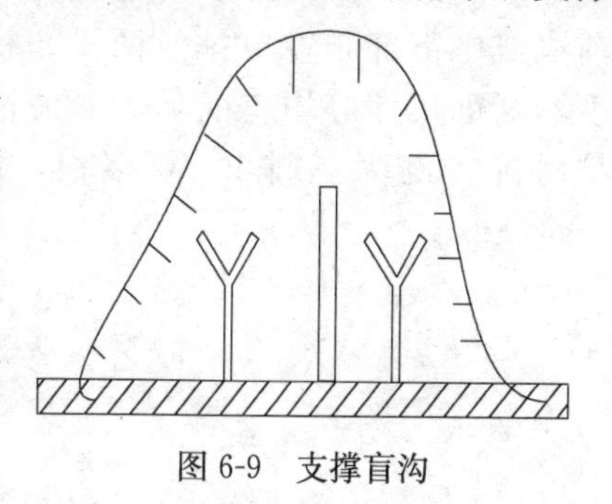

图 6-9 支撑盲沟

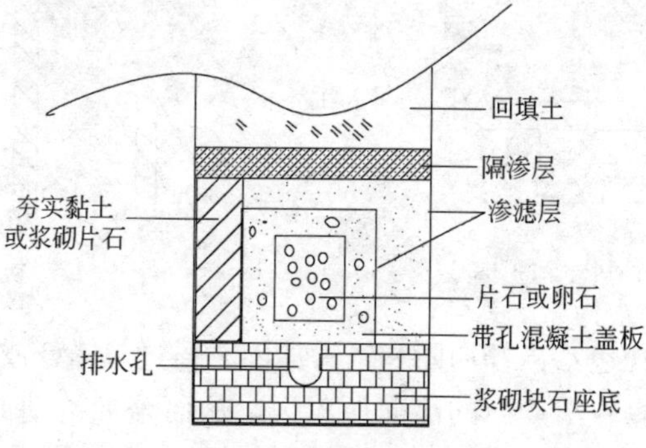

图 6-10 截水盲沟

2. 力学平衡法

此方法是在滑坡体下部修筑抗滑石垛、抗滑挡土墙、抗滑桩、锚索抗滑桩和抗滑桩板墙等支挡建筑物，以增加滑坡下部的抗滑力。另外，可采取刷方减载的措施以减小滑坡滑动力等。

(1) 修建支挡工程

支挡工程的作用主要是增加抗滑力，使滑坡不再滑动。常用的支挡工程有挡土墙、抗滑桩和锚固工程。

挡土墙应用广泛，属于重型支挡工程。采用挡土墙必须计算出滑坡滑动推力、查明滑动面位置，挡土墙基础必须设置在滑动面以下一定深度的稳定岩层上，墙后设排水沟，以消除对挡土墙的水压力(图 6-11)。

抗滑桩(图 6-12)的桩材料多为钢筋混凝土，桩横断面可为方形、矩形或圆形，桩下部深入滑面以下的长度应大于全桩长的1/4～1/3，平面上多沿垂直滑动方向成排布置，一般沿滑体前缘或中下部布置单排或两排。桩的排数、每排根数、每根长度、断面尺寸等均应视具体滑坡情况而定。已修成的较大滑坡抗滑桩实例为三排共 50 多根，最长的单根桩约 50m，断面 4m×6m。

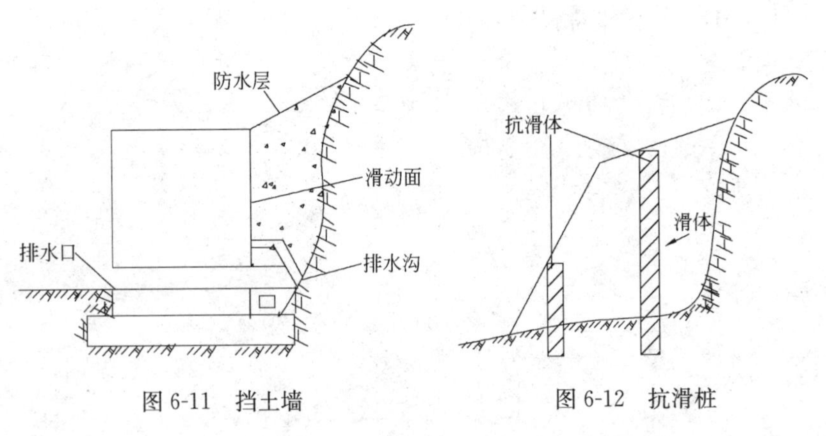

图 6-11 挡土墙　　图 6-12 抗滑桩

锚固工程包括锚杆加固和锚索加固。通过对锚杆或锚索预加应力，增大了垂直滑动面的法向压应力，从而增加滑动面抗剪强度，阻止了滑坡发生(图 6-13)。

(2) 刷方减载

这种措施施工方便、技术简单，在滑坡防治中广泛采用。主要做法是将滑体上部岩、土体清除，降低下滑力；清除的岩、土体可堆筑在坡脚，起反压抗滑作用。

3. 改善滑动面或滑动带的岩土性质

改善滑动面或滑动带岩土性质的目的是增加滑动面的抗剪强度，达到整治滑坡要求。

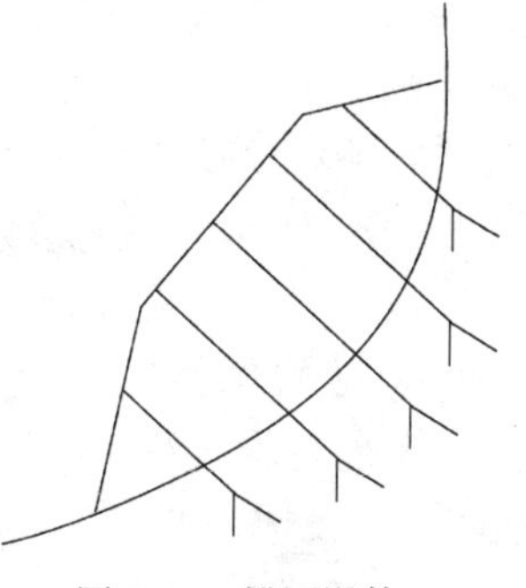

图 6-13 锚固滑体

灌浆法是把水泥砂浆或化学浆液注入滑动带附近的岩土中，凝固、胶结作用使岩土体抗剪强度提高。

电渗法是在饱和土层中通入直流电，利用电渗透原理；疏淤土体，提高土体强度。

焙烧法是用导洞在坡脚焙烧滑带土，使土变得像砖一样坚硬。

改善滑带岩土性质的方法在我国应用尚不广泛，有待进一步研究和实践。

6.2 崩塌灾害整治

陡坡上的岩(土)体在重力和其他外力作用下，突然向下崩落的现象，叫做崩塌。崩塌过程中岩(土)体顺坡猛烈地翻滚、跳跃、相互撞击，最后堆于坡脚。这种现象和典型滑坡有以下四点不同：①滑坡运动多数是缓慢的，而崩塌快，发生猛烈；②滑坡多数沿固定的面或带运动，而崩塌不沿固定的面或带；③滑坡发生后，多数仍保持原来的相对整体性，而崩塌体的整体性完全被破坏；④滑坡的水平位移大于垂直位移，而崩塌正相反。

6.2.1 崩塌的形成条件

崩塌是在一定地质条件下形成的。它的形成受许多条件如地形地貌、地层岩性和地质构造的控制。而它的发生、发展和规模又受许多因素如降雨、地下水、地震和列车振动、风化作用以及人为因素等的影响。

1. 地貌条件

崩塌大多产生在陡峻的斜坡地段，一般坡度大于55°、高度大于30m以上，坡面多不平整，上陡下缓。

2. 岩性条件

坚硬岩层多组成高陡山坡，在节理裂隙发育、岩体破碎的情况下易产生崩塌。

3. 构造条件

当岩体中各种软弱结构面的组合位置处于下列不利的情况时易发生崩塌：

(1) 当岩层倾向山坡、倾角大于45°而小于自然坡度时；

(2) 当岩层发育有多组节理，且一组节理倾向山坡、倾角为25°～65°时；

(3) 当二组与山坡走向斜交的节理组成倾向坡脚的楔形体时；

(4) 当节理面呈弧形弯曲的光滑面或山坡上方不远有断层破碎带存在时；

(5) 在岩浆岩侵入接触带附近的破碎带或变质岩中片理片麻构造发育的地段，风化后形成软弱结构面，容易导致崩塌的产生。

4. 其他条件

(1) 昼夜的温差、季节的温度变化，促使岩石风化；

(2) 地表水的冲刷、溶解和软化裂隙充填物形成软弱面，或水的渗透增加静水压力；

(3) 强烈地震以及人类工程活动中的爆破、边坡开挖过高过陡，破坏了山体平衡等都会促使崩塌的发生。

6.2.2 崩塌的分类

1. 按崩塌体的物质组成分类

(1) 岩崩。崩塌体基本上是由岩块组成的。

(2) 土崩。崩塌体基本上是由土和砂土组成的。

2. 按照一次崩塌形成的崩落体的体积分类

(1) 小型崩塌。岩土崩落的体积小于$1\times10^4 m^3$。

(2) 中型崩塌。岩土崩落的体积为 $1\times10^4\sim10\times10^4m^3$。

(3) 大型崩塌。岩土崩落的体积为 $10\times10^4\sim100\times10^4m^3$。

(4) 特大型崩塌。岩土崩落的体积大于 $100\times10^4m^3$。

3. 按照崩塌体规模、范围、大小分类

(1) 剥落。剥落岩石的块度大于 0.5m 者占 25%，山坡角一般在 30°～40°范围内。

(2) 坠石。坠石的块度较大，块度大于 0.5m 者占 50%～75%，山坡角在 30°～40°范围内。

(3) 崩落。崩落的岩石块度更大，块度大于 0.5m 者大于 75%，山坡角多大于 40°。

4. 按崩塌的形成机理

可分为 5 类，见表 6-3。

按形成机理的崩塌分类 **表 6-3**

特征 类型	岩性	结构面	地貌	崩塌体形状	受力状态	起始运动状态	失稳主要因素
倾倒式崩塌	黄土、石灰岩及其他直立岩层	多为垂直节理、柱状节理、直立岩层面	峡谷、直立岸坡、悬崖等	板状、长柱状	主要受倾覆力矩作用	倾倒	静水压力、动水压力、地震力、重力
滑移式崩塌	多为软硬相间的岩层，如石灰岩夹薄层页岩	有倾向临空面的结构面(可能是平面、楔形或弧形)	陡坡通常大于55°	可能组合成各种形状，如板状、楔状、圆柱状等	滑移面主要受剪切力	滑移	重力、静水压力、动水压力
鼓胀式崩塌	直立的黄土、黏土或坚硬岩石下有较厚软岩层	上部垂直节理，下部为近水平的结构面	陡坡	岩体高大	下部软岩受垂直挤压	鼓胀，伴有下沉、滑移、倾斜	重力、水的软化作用
拉裂式崩塌	多见于软硬相间的岩层	多为风化裂隙和重力拉张裂隙	上部突出的悬崖	上部硬岩层以悬臂梁形式突出	拉张	拉裂	重力
错断式崩塌	坚硬岩石或黄土	垂直裂隙发育，通常无倾向临空面的结构面	大于45°的陡坡	多为板状、长柱状	自重引起的剪切力	错断	重力

6.2.3 崩塌的整治措施

根据崩塌的规模和危害程度，崩塌的防治措施有：绕避、加固边坡、采用拦挡建筑物、清除危岩以及做好排水工程等。

1. 绕避

对可能发生大规模崩塌地段，即使是采用坚固的建筑物，也经受不了这样大规模崩塌的巨大破坏力，则必须设法绕避。对沿河谷线路来说，绕避有两种情况：

（1）绕到对岸、远离崩塌体；

（2）将线路向山侧移，移至稳定的山体内，以隧道通过。在采用隧道方案绕避崩塌时，要注意使隧道有足够的长度，使隧道进出口避免受崩塌的危害，以免隧道运营以后，由于长度不够，受崩塌的威胁，因而在洞口又接长明洞，造成浪费和增大投资。

2. 山坡加固措施

（1）支撑加固：危石的下部修筑支柱、支护墙。亦可将易崩塌体用锚索、锚杆与斜坡稳定部分联固；

（2）灌浆、勾缝：岩体中的空洞、裂隙用片石填补、混凝土灌注；

（3）护面：易风化的软弱岩层，可用沥青、砂浆或浆砌片石护面。

各种加固措施如图 6-14 所示。

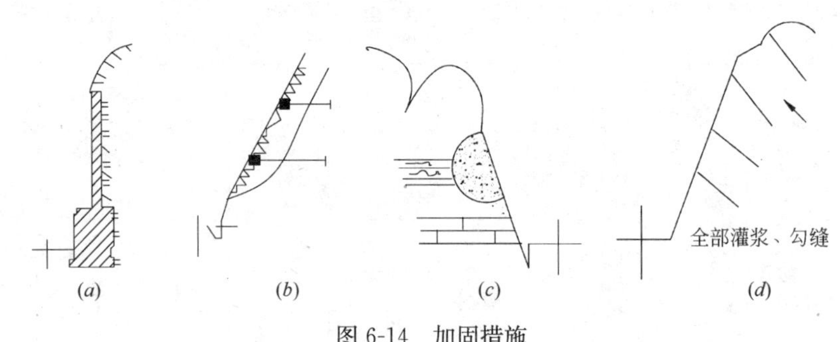

图 6-14　加固措施

(*a*)支护墙；(*b*)锚固；(*c*)嵌补；(*d*)灌浆、勾缝

3. 修建拦挡建筑物

对中、小型崩塌可修筑遮挡建筑物和拦截建筑物。

(1) 遮挡建筑物

对中型崩塌地段，如绕避不经济时，可采用明洞、棚洞等遮挡建筑物(图 6-15)。

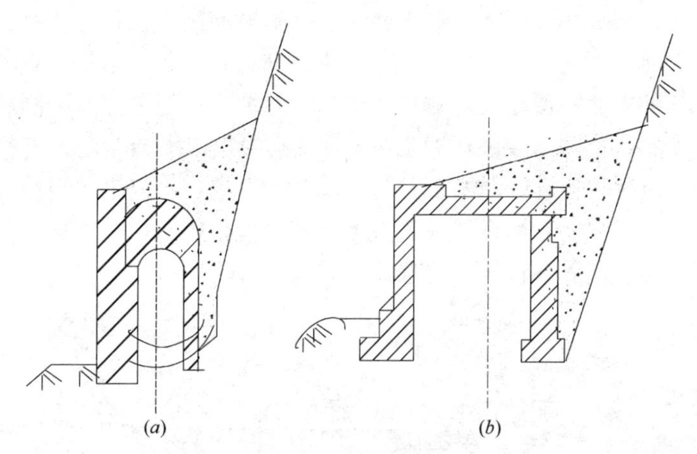

图 6-15　遮挡建筑物

(a)明洞；(b)棚洞

(2) 拦截建筑物

如果山坡的母岩风化严重，崩塌物质来源丰富，或崩塌规模虽然不大，但可能频繁发生，则可采用拦截建筑物，如落石平台、落石槽、拦石堤或拦石墙等措施(图 6-16)。

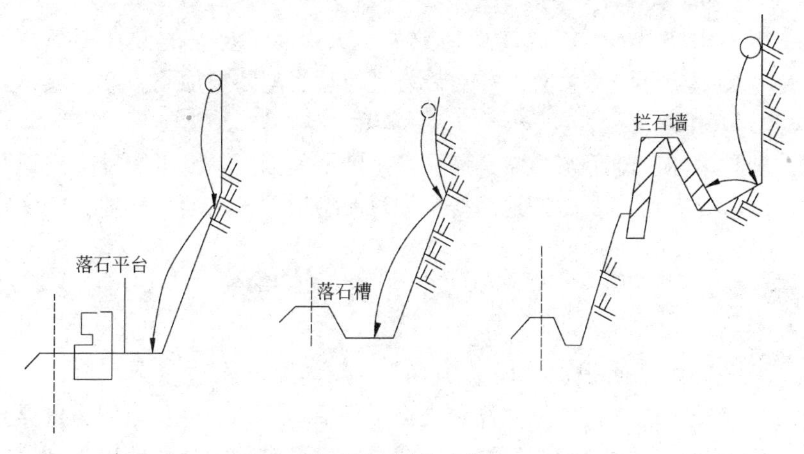

图 6-16　拦截建筑物

（3）SNS边坡柔性防护系统

SNS作为一种新型的边坡柔性防护系统，是以钢丝绳网为主要构成部分，并以覆盖（主动防护）和拦截（被动防护）两大基本类型来防治各类斜坡坡面地质灾害和雪崩、岸坡冲刷、飞石、坠物等危害的柔性安全防护系统（图6-17）。主动防护系统是用以钢丝绳网为主的各种柔性网覆盖或包裹在需防护的斜坡或危石上，以限制坡面岩土体的风化剥落或破坏以及危岩崩塌（加固作用）或者将落石控制在一定范围内运动（围护作用）。被动防护系统是将以钢丝绳网为主的栅栏式柔性拦石网设置在斜坡上相应位置，用于拦截斜坡上的滚落石以避免其破坏保护的对象。

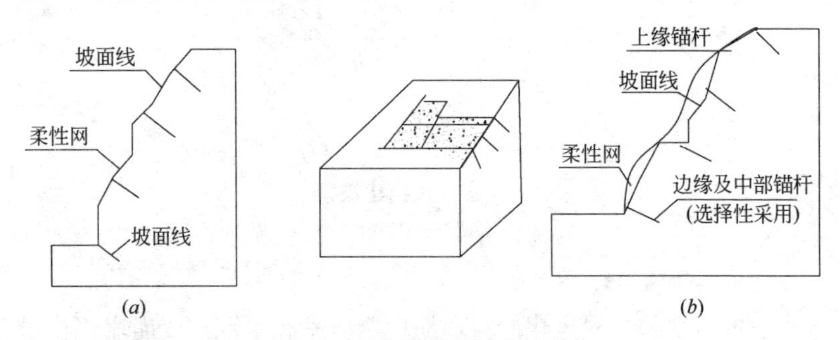

图6-17 SNS边坡柔性防护系统

(*a*)标准主动防护系统；(*b*)主—被动防护系统

4. 清除危岩

若山坡上部可能的崩塌物数量不大，而且母岩的破坏不甚严重，则以全部清除为宜，并对母岩进行适当的防护加固。

5. 排水工程

地表水和地下水通常是崩塌产生的诱发因素，在可能发生崩塌的地段，务必还要做好地面排水和对有害地下水活动的处理。

6.3 泥石流灾害整治

我国山区面积占全国总面积的2/3，地质构造复杂，岩性多变，地震强烈，再加上气候和人类工程活动影响，使我国成为世界上泥石流最为发育的国家之一。泥石流主要沿着山地的地震带和地质构造断裂带发育，分布在沿河两岸山间盆地的山前地带。我国西南、西北、华北、东北和中南 23 个省区，都有泥石流发生。其中以西北、西南地区为最多、最活跃，规模也最大。

6.3.1 泥石流的形成条件

泥石流的形成必须同时具备以下三个条件：陡峻的便于集水、集物的地形地貌；丰富的松散物质；短时间内有大量的水源。

1. 地形地貌条件

在地形上具备山高沟深、地势陡峻、沟床纵坡降大、流域形状便于水流汇集的特点。在地貌上，从上游到下游一般可分为三个区：即泥石流的形成区、流通区和堆积区(图 6-18)。

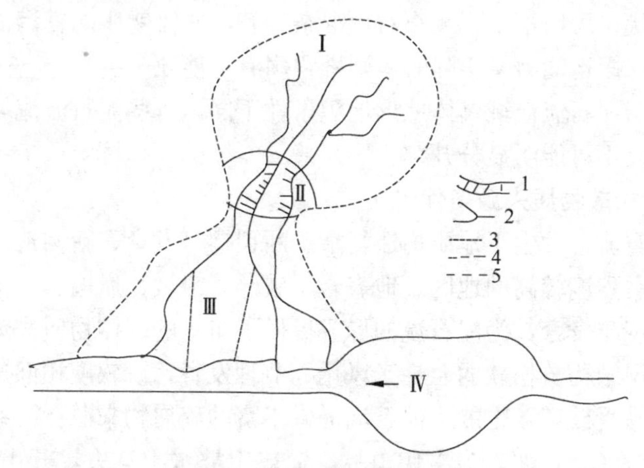

图 6-18 泥石流的流域地貌特征

Ⅰ—泥石流形成区；Ⅱ—泥石流流通区；Ⅲ—泥石流堆积区；Ⅳ—泥石流堵塞形成的湖泊
1—峡谷；2—有水沟床；3—无水沟床；4—分区界线；5—流域界线

(1) 泥石流的形成区(上游)

多形成于三面环山、一面出口的瓢状或漏斗状围谷区，周围山坡陡峻，大多为 30°～60°，沟谷纵坡降大。该区面积为几到数十平方公里，坡面侵蚀和风化作用强烈，植被生长不良，山体光秃破碎，沟道狭窄，斜坡常被冲沟切割。这样的地形条件，有利于汇集周围山坡上的水流和固体物质。形成区的面积越大，坡面越多，山坡越陡，沟壑越多，则泥石流集流快、规模大，迅速强烈。

（2）泥石流流通区（中游）

即泥石流通过的地段。在地形上多为狭窄而幽深的峡谷或冲沟，谷壁陡峻（坡度在20°～40°），纵坡降大且多陡坎和跌水，规模大的泥石流流经常迅速通过峡谷直泄山外。暴发一次泥石流能将沟床切深达7～8m。流通区纵坡缓、曲直和长短对泥石流的强度有很大的影响。当纵坡降陡而顺直时，流途畅通，则泥石流能量大，可直泄山外；当纵坡降缓而弯曲时，则削弱了泥石流的能量，易堵塞停积或改道。

（3）泥石流堆积区（下游）

即泥石流物质的停积场所。一般位于山口外或山间盆地的边缘，地形较平缓，由于地形豁然开阔平坦，泥石流动能急剧变弱，最终停积下来，形成扇形、锥形或带形的堆积体。堆积扇地面往往垄岗起伏、坎坷不平，大小石块混杂。若泥石流物质能直泻入主河槽，河水搬运能力又很强时，则堆积扇有可能缺失。

由于泥石流流域具体地形地貌条件不同，有些泥石流流域上述三个区段不可能明显分开。

2. 松散物质来源条件

泥石流常发生于地质构造复杂、断裂褶皱发育、新构造活动强烈、地震烈度较高的地区。地表岩层破碎，滑坡、崩塌、错落等不良地质现象发育，为泥石流的形成提供了丰富的固体物质来源；另外，岩层结构疏松软弱、易于风化、节理发育，或软硬相间成层地区，因易受破坏，也能为泥石流提供丰富的碎屑物来源；一些人类工程经济活动，如人为滥伐山林，造成山坡水土流失，开山采矿、采石弃渣堆石等，往往提供大量物质来源。

3. 水源条件

水既是泥石流的重要组成部分，又是泥石流的重要激发条件和搬运介质（动力来源）。泥石流的水源有暴雨、冰雪融水和水库（池）溃决水体等形式。我国泥石流的水源主要是降雨、长时间的连续降雨等。

6.3.2 泥石流的分类

为了防治泥石流，提出有效的整治措施，必须对泥石流进行合理的分类。而这种分类应能反映出泥石流的形成条件、流域形态、物质组成、流体性质及发育阶段和趋势等。泥石流分类方法很多，现将常用的方法归纳如下：

1. 按流域的地质地貌特征分类

(1) 标准型泥石流

这是比较典型的泥石流。流域呈扇状，流域面积一般为十几至几十平方公里，能明显地区分出泥石流的形成区(多在上游地段，形成泥石流的固体物质和水源主要集中在此区)、流通区和堆积区。

(2) 沟谷型泥石流

流域呈狭长形，流域上游水源补给较充分。形成泥石流的松散固体物质主要来自中游地段的滑坡和崩塌。沿河谷既有堆积，又有冲刷，形成逐次搬运的“再生式泥石流”(图 6-19)。

(3) 山坡型泥石流

是指发育在斜坡面上的小型泥石流沟谷。它们的流域面积一般不超过 2km^2，流域轮廓呈哑铃形，沟坡与山坡基本一致，沟浅、坡短，流通区很短，甚至没有明显的流通区，形成区和堆积区往往直接相贯通。沉积物棱角明显，粗大颗粒多搬运在锥体下部(图 6-20)。

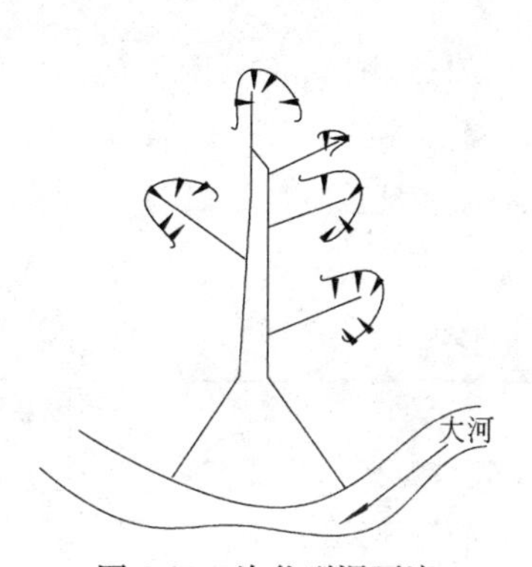

图 6-19 沟谷型泥石流

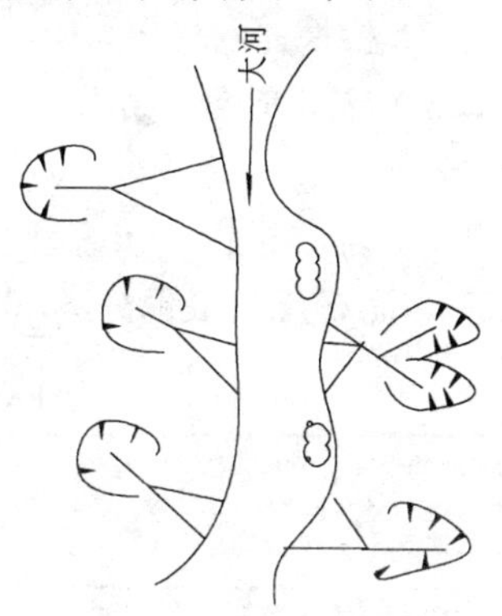

图 6-20 山坡型泥石流

2. 按泥石流流体的物质组成分类

(1) 泥石流

是由浆体和石块共同组成的特殊流体，固体成分从直径小于 0.005mm 的黏土粉砂到几米至 10～20m 的大漂砾。它的级配范围之大是其他类型的夹沙水流所无法比拟的。这类泥石流在我国山区的分布范围比较广泛，对山区的经济建没和国防建设危害十分严重。

(2) 泥流

是指发育在我国黄土高原地区，以细粒泥沙为主要固体成分的泥质流。泥流中黏粒含量大于石质山区的泥石流，黏粒重量比可达15%以上。泥流含有少量碎石、岩屑，黏度大，呈稠泥状，结构比泥石流更为明显。

(3) 水石流

是指发育在大理岩、白云岩、石灰岩、砾岩或部分花岗岩山区，由水和粗砂、砾石、大漂砾组成的特殊流体，黏粒含量小于泥石流和泥流。水石流的性质和形成类似山洪。

3. 按泥石流流体性质分类

(1) 黏性泥石流

含大量黏性土的泥石流或泥流，黏性大，固体物质占 40%～60%，最高达 80%。水不是搬运介质，而仅是组成物质，黏性大，石块呈悬浮状态，爆发突然，持续时间短，破坏力大，堆积物在堆积区不散流，停积后石块堆积成“舌状”或“岗状”。

(2) 稀性泥石流

水为主要成分，黏性土含量少，固体物质占 10%～40%，有很大分散性。水为搬运介质，石块以滚动或跃移前进，有强烈的下切作用，堆积物在堆积区呈扇形散流，停积后似“石海”。

4. 泥石流的工程分类(表 6-4)。

泥石流的工程分类 **表 6-4**

类别	泥石流特征	流域特征	亚类	严重程度	流域面积(km^2)	固体物质一次冲出量($1\times10^4m^3$)	流量(m^3/s)	堆积区面积(km^2)
Ⅰ高频率泥石流沟谷	基本上每年均有泥石流发生。固体物质主要来源于沟谷的滑坡、崩塌。爆发雨强小于 2～4mm/10min。除岩性因素外，滑坡、崩塌严重的沟谷多发生黏性泥石流，反之多发生稀性泥石流，规模小	多位于强烈抬升区，岩层破碎，风化强烈，山体稳定性差。泥石流堆积新鲜，无植被或仅有稀疏草丛。黏性泥石流沟中下游沟床坡度大于4%	I_1	严重	>5	>5	>100	>1
			I_2	中等	1～5	1～5	30～100	<1
			I_3	轻微	<1	<1	<30	—

续表

类别	泥石流特征	流域特征	亚类	严重程度	流域面积（km^2）	固体物质一次冲出量（$1\times10^4m^3$）	流量（m^3/s）	堆积区面积（km^2）
Ⅰ低频率泥石流沟谷	爆发周期一般在10年以内。固体物质主要来源于沟床，泥石流发生时“揭床”现象明显。暴雨时坡面产生的浅层滑坡往往是激发泥石流形成的重要因素。爆发雨强，一般大于4mm/10min。规模一般较大，性质有黏有稀	山体稳定性相对较好，无大型活动性滑坡、崩塌。沟床和扇形地上巨砾遍地。植被较好，沟床内灌木丛密布，扇形地多已辟为农田，黏性泥石流沟中下游沟床坡度小于4%	Ⅱ$_1$	严重	＞10	＞5	＞5	＞1
			Ⅱ$_2$	中等	1～10	1～5	1～5	＜1
			Ⅱ$_3$	轻微	＜1	＜1	＜1	—

6.3.3 泥石流的整治措施

1. 整治原则

泥石流是一种较大规模的地质灾害，是自然界多种因素综合作用的结果，因素比较复杂，根治极为困难，因此，对泥石流的防治应遵循以防为主，防治结合，避强制弱，重点治理，沟谷的上、中、下游全面规划，山、水、林、田综合治理；工程方案应以小为主，中小结合，因地制宜，就地取材。

2. 基本要求

泥石流的防治宜对形成区、流通区、堆积区统一规划和采取生物措施与工程措施相结合的综合治理方案，并应符合下列要求：

(1) 形成区宜采取植树造林、水土保持、修建引水、蓄水工程等削弱水动力措施，修建防护工程，稳定土体。流通区宜修建拦沙坝、谷坊，采取拦截松散固体物质、固定沟床和减缓纵坡的措施。堆积区宜修筑排导沟、急流槽、导流堤、停淤场，采取改变流路，疏排泥石流的措施。

(2) 对稀性泥石流宜修建调洪水库、截水沟、引水渠和种植水源涵养林，采取调节径流，削弱水动力，制止泥石流形成的措施。对黏性泥石流宜修筑拱石坝、谷坊、支挡结构和种植树木，采取稳定(岩)土体、制止泥石流形成的措施。

3. 防治措施

泥石流的主要防治措施见表 6-5。

泥石流整治措施一览表 **表 6-5**

措施	工程	工程项目	防治作用
工程措施	治水工程	蓄水工程 引水工程 截水工程 控制冰雪融化工程	调蓄洪水，避免或减缓洪峰； 引、排供水，减缓、控制泄洪量； 拦截上方滑坡或水土流失地段径流； 人为促使冰雪提前融化，控制避免大量冰雪提前融化，加固或预先铲除冰碴堤
	治泥工程	拦坝、谷坊工程 拦墙工程 护坡、护岸工程 削坡工程 潜坝工程	拦蓄泥砂、稳固滑坡、节节拦蓄、减缓沟底坡度； 稳固滑坡、崩塌体，拦蓄泥沙； 加固边坡、岸坡，增强坡体抗滑抗流能力； 降低坡角，削减泥石流侵蚀力； 稳固沟床，防止泥石流下切
	排导工程	导流堤工程 顺水坝工程 徘导沟工程 导槽工程 明洞工程 改沟工程	排导泥石流，防止泥石流冲淤； 调整导流向，排泄泥石流； 排泄泥石流，防止泥石流漫溢； 在道路上方或下方筑槽排泄泥石流； 以明洞形式排泄泥石； 将泥石流沟口改至相邻沟道
	拦截工程	储淤场工程 拦泥库工程	利用开阔低洼地，蓄积泥石流； 利用平坦谷地，蓄积泥石流
	农田工程	水田改旱地工程 渠道防渗工程 坡地改梯田工程 田间排水、截水工程 夯实地面裂隙、田边筑便工程	减少水渗透量，防止山体滑坡； 防止渠水渗漏，稳定边坡； 防止坡面侵蚀和水土流失； 排导坡面径流，防止侵蚀； 防止水下渗，拦截泥沙，稳定边坡
生物措施	林业工程	水源涵养林 水土保持林 护床防冲林 护堤固滩林	改良土壤，削减径流； 仪水保上，减少水土流失； 保护沟床，防止冲刷、下切； 加固河堤，保护滩地，防风固沙
	农业工程	梯田耕作 立体种植 免耕种植 选择作物	水土保持，减少水土流失； 扩大植被覆盖率，截持降雨，减少地表径流； 促使雨水快速渗透，减少土壤侵蚀； 选择保水保土作物，减少水土流失
	牧业工程	适度放牧 圈养 分区轮牧 改良牧草 选择保水保土牧草	保持牧草覆盖率，减少水土流失； 扩养草场，减轻水土流失； 防止草场退化和水土保持能力降低； 提高产草率，增加植被覆盖面积，减轻水土流失； 提高保水保土能力，削减土坝侵蚀

6.4 地面沉降控制

6.4.1 地面沉降及其类型

1. 地面沉降

地面沉降又称为地面下沉或地陷，在广义上是指地壳表面在自然应力作用下或人类经济影响下(如受开采石油、煤、地下水等资源以及工程施工、灌溉等人工经济活动的影响)，由于地下松散土层固结压缩，导致地壳表面标高降低的一种局部下降运动(或工程地质现象)，其特点是垂直运动为主，而只有少量或基本没有水平向位移。

2. 地面沉降的类型

我国出现的地而沉降的城市或村镇较多。按发生地面沉降的地质环境可分为三种模式：

(1) 现代冲积平原模式

主要发育在河流中下游地区现代地壳沉降带中。因河床迁移频率高，因而沉积物多为多旋回的河床沉积物。一般来说，这些沉积物为多层交错的叠置结构，平面分布呈条带状或树枝状，侧向连续性较差，不同层序的细粒土层相互衔接包围在砂体的上下及两侧。我国东部许多河流冲积平原，如黄河与长江中下游、淮海平原和松嫩平原等地的地面沉降受此种地质环境控制。

(2) 三角洲平原模式

分布在河流冲积平原与滨海大陆架的过渡带，即现代冲积三角洲平原地区。河口地带接受陆相和海相两种沉积物沉积，其沉积结构具有陆源碎屑物(以含有机黏土的中细砂为主)和海相黏土交错叠置的特征。我国长江三角洲就属于这种类型。常州、无锡、苏州、嘉兴等地的地面沉降均发生在这种地质环境中。

(3) 断陷盆地模式

它又可分为近海式和内陆式两类。近海式断陷盆地位于滨海地区，常受到海浸的影响，其沉积结构具有海陆交互相地层特征，如我国宁波等。内陆式断陷盆地位于内陆近代断陷盆地中，其沉积物源于盆地周围陆相沉积物，如西安、大同的地面沉降发生在这种盆地中。

6.4.2 地面沉降的控制措施

当前对地面沉降的控制和治理措施可分为两类。

1. 表面治理措施

对已产生地而沉降的地区，要根据灾害规模和严重程度采取地面整治及改善环境。其方法主要有：

(1) 在沿海低平面地带修筑或加高挡潮堤、防洪堤，防止海水倒灌、淹没低洼地区。

(2) 改造低洼地形，人为填土加高地面。

(3) 改建村庄周围给、排水系统和输油、气管线，整修因沉降而被破坏的交通路线等线性工程，使之适应地面沉降后的情况。对地面可能沉陷地区预估对管线的危害，制定预防措施。

(4) 修改村庄建设规划，调整村庄功能分区及总体布局、规划中的重要建筑物要避开沉降地区。

2. 根本治理措施

从研究消除引起地面沉降的根本因素入手，谋求缓和直到控制或终止地面沉降的措施。主要方法有：

(1) 人工补给地下水(人工回灌)。选择适宜的地点和部位向被开采的含水层、含油层采取人工注水或压水，使含水(油、气)层小孔隙液压恢复或保持在初始平衡状态。把地表水的蓄积储存与地下水回灌结合起来，建立地面及地下联合调节水库，是合理利用水资源的一个有效途径。一方面利用地面蓄水体有效补给地下含水层，扩大人工补给来源；另一方面利用地层孔隙空间储存地表余水，形成地下水库以增加地下水储存资源。

(2) 限制地下水开采，调控开采层次，以地面水源代替地下水源。其具体措施如下：

1) 以地面水源的工业自来水厂代替地下供水源。

2) 停止开采引起沉降量较大的含水层而改为利用深部可压缩

性较小的含水或基岩裂隙水。

3）根据预测方案限制地下水的开采量或停止开采地下水。

3. 限制或停止开采固体矿物

对于地面塌陷区，应将塌陷洞穴用反滤层填上，并加松散覆盖层，关闭一些开采量大的厂矿，使地下水状态得到恢复。

6.5 地面塌陷控制

6.5.1 地面塌陷及其分类

1. 地面塌陷

地面塌陷是指地表岩体或土体在自然作用下或人为原因作用下，向下陷落，并在地面上形成塌陷坑(洞)的一种地质灾害现象或过程。多发生非岩溶地区，在非岩溶地区也能见到。地面塌陷多为人为局部改变地下水位引起的。如地面水渠或地下输水管道渗漏可使地下水位局部上升，基坑降水或矿山排水引起地下水位局部下降。因此，在短距离内出现较大的水位差，水力坡度变大，增强了地下水的潜蚀能力，对地层进行冲蚀、掏空，形成地下洞穴，当穴顶失去平衡时便发生地面塌陷。地面塌陷危害很大，破坏农田、水利工程、交通线路，引起房屋破裂倒塌、地下管道断裂。

2. 地面塌陷分类

(1) 根据形成塌陷的主要原因分类：自然塌陷和人为塌陷两大类。

自然塌陷是地表岩、土体由于自然因素(如地震、降雨、自重等)向下陷落而成。人为塌陷是由于人类经济活动引起的地面塌陷。

(2) 根据塌陷区是否有岩溶发育分类：岩溶地面塌陷和非岩溶地面塌陷。

岩溶地面塌陷主要发育在隐伏岩溶地区，是由于隐伏岩溶洞隙上方岩、土体在自然或人为因素作用下，产生陷落而形成的地面塌陷。岩溶地面塌陷是我国最重要的地质灾害类型之一。在我国，岩溶塌陷分布广泛，从南到北，从东到西都有发育。其中，广西、广东、江西、湖南和辽宁等5个省区的岩溶塌陷较严重。

非岩溶地面塌陷又根据塌陷区岩、土体的性质可分为黄土塌陷、火山熔岩塌陷、冻土塌陷和软土塌陷等许多类型。其中，黄土塌陷是因湿陷性黄土浸水后，在自重或外部荷载作用下，结构迅速破坏而发生下沉。主要分布于河北、青海、陕西、甘肃、宁夏、河南、山西、黑龙江等省。

根据统计资料，地面塌陷中以采空塌陷的危害最大，造成的损失最重，岩溶塌陷次之，黄土湿陷相对小也较集中。

(3) 按照地面塌陷所形成的单个塌陷坑洞规模分类：

地面塌陷所形成的单个塌陷坑洞的规模不大，直径一般为数米至数十米，个别巨大者达百米左右。一般分为4个等级。

1) 小型塌陷：塌陷坑洞1～3处，合计影响面积小于1km^2。如黄土塌陷规模都比较小。

2) 中型塌陷：塌陷坑洞4～10处，合计影响面积1～5km^2。

3) 大型塌陷：塌陷坑洞11～20处，合计影响面积5～10km^2。

4) 特大型塌陷：塌陷坑洞超过20处，合计影响面积10km^2。一般情况下，采空塌陷形成的塌坑较大。

6.5.2 地面塌陷的控制措施

地下采矿，造成地面塌陷是必然的。但采取一些科学合理的手段和适当技术方法，可减少地面塌陷的幅度和范围。如地下采煤可采用间歇法、留设煤柱或采取条带法，振动强度大的开采应避开断层和河流等敏感部位，必要时进行预注浆土封堵处理。如遇到突水时，应尽快采取有效的堵水措施，以减少水位的下降速率，防止引发塌陷或减少塌陷。同时，加强矿产资源管理，坚决取缔非法开采的矿井，杜绝非法和不合理采矿事件发生，以达到保护矿柱和岩柱、避免地面塌陷发生之目的。

对于岩溶塌陷治理，在岩溶发育区内严禁抽取地下水。在村庄建设区内严禁抽取地下水，包括建(构)筑物基础施工时大量抽排地下水，防止因地下水位迅速降低而导致岩溶塌陷发生。

对于路面塌陷治理，最有效的办法就是养护。为减少路面的重复开挖，新修路面要求水、电、热、通信等管网一步到位；当开挖路面不可避免时，应尽量少挖并缩短工期，采取有效措施保证回填压实。

对于黄土湿陷治理，采用防水、改土和建筑结构等措施。其中，改土措施的机理是充分破坏湿陷性黄土的大孔结构及管状节理，全部或部分消除地基的湿陷性，从根本上避免或削弱湿陷性。常采用黏性土或灰土垫层、重锤表层夯实、表土或灰土挤密桩、混凝土灌桩和钢筋混凝土预制桩等施工方法。对于湿陷性黄土暗穴治理，一般采用灌砂法、注浆法、回填法、导洞法和竖井法施工。近年来，涌现了一些地基处理新技术与新方法，如土体加筋法、强夯法、孔内深层超强夯法和爆破法等。

7 地震灾害整治

我国是一个多地震国家，强震分布非常广泛，除浙江、贵州两省外，其他各省区都有过 6 级以上地震发生。我国是农业大国，村镇占整个国土面积的绝大部分，地震灾害也多发于广大农村和乡镇地区。村庄地震灾害整治应从提高建筑物、基础设施、防御次生灾害能力，增强村民防灾意识及自救互救能力等方面全面进行。

7.1 地震灾害概述

7.1.1 地震的类型及成因

地震的发生是地球本身在不断变化的表现，是震源所在处的物质发生形体改变和位置移动的结果，同大海会有波涛汹涌，天空会有风云变幻一样，是一种自然现象，完全可以认识的。地震共分为构造地震、火山地震、陷落地震和诱发地震四种。

构造地震是指在构造运动作用下，当地应力达到并超过岩层的强度极限时，岩层就会突然产生变形，乃至破裂，将能量一下子释放出来，就引起大地震动，这类地震被称为构造地震，占地震总数90％以上。关于构造地震的成因研究已有近百年的历史，早期较侧重于断层学说，近期较公认的是板块构造学说。地球表层由厚度达80～100 多米的岩石层板块组成，板块之间的运动和作用，使原始地层产生变形、断裂，以致错动，形成断层。由于板块之间的运动变化和相互作用，造成能量的积累和地壳变形，当变形超过了地壳薄弱部位的承受力时，就会发生破裂或错位，地震就发生了。

火山地震是指在火山爆发后，由于大量岩浆损失，地下压力减少或地下深处岩浆来不及补充，出现空洞，引起上覆岩层的断裂或塌陷而产生地震。这类地震数量不多，只占地震总数量7%左右。

陷落地震是由于地下溶洞或矿山采空区的陷落引起的局部地震。陷落地震都是重力作用的结果，规模小，次数更少，只占地震总数的3%左右。

人工地震和诱发地震是由于人工爆破，矿山开采，军事施工及地下核试验等引起的地震。由于人类的生产活动触发某些断层活动，引起的地震称诱发地震，主要有水库地震，深井抽水和注水诱发地震，核试验引发地震，采矿活动、灌溉等也能诱发地震。我国广东新丰江水库自1959年10月建成蓄水以来，截至1987年，已记录到337次地震，其中1962年发生了6.1级地震，使混凝土大坝产生82m长的裂缝。

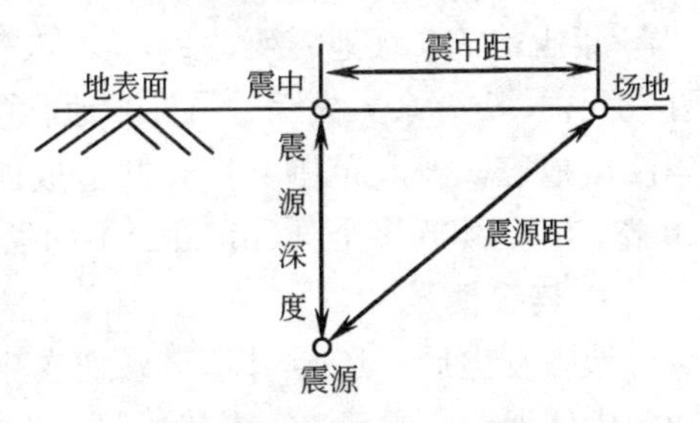

图7-1 常用地震术语示意图

地震常用术语可以用图7-1的示意图说明。

震源：地球内部岩层破裂引起振动的地方称为震源。它是有一定大小的区域，又称震源区或震源体。震源深度：震源到地面的垂直距离称为震源深度。震中：震源在地面上的投影。宏观震中：地震时，人们感觉最强烈、地面破坏最严重的地区称为宏观震中。极震区：震中附近振动最强烈，破坏比也最严重的地区称为极震区。震中距：地面上任何一点到震中的直线距离称为震中距。

根据震源深度(以d表示)，构造地震可以分为浅源地震($d<$ 60km)、中源地震($d=60\sim300$km)和深源地震($d>300$km)，如图7-1所示。浅源地震距地面近，在震中区附近造成的危害最大，但相对而言，所波及的范围较小。深源地震波及范围较大，但由于地震释放的能量在长距离传播中大部分被耗散掉，所以对地面上建筑物的破坏程度相对较轻。世界上绝大部分地震是浅源地震，震源深度集中在5～20km左右，一年中全世界所有地震释放能量的约85%来自浅源地震。

7.1.2 地震灾害特征

1. 突发性强

地震发生十分突然，持续时间只有十几秒、几十秒钟，但在这短暂的时间内会造成建筑物倒塌，桥梁断裂，人员伤亡等灾害。

2. 破坏性大、破坏面积广

往往可造成大量人员伤亡和巨大经济损失，据有关资料记载：1556年华县地震死亡83万人；1920年海原地震使23.4万人丧生；1976年唐山7.8级地震死亡24.2万人；2008年汶川地震造成近7万人死亡、1万余人失踪。另外，地震可造成大面积受灾，如2008年汶川地震，波及范围甚广，共造成四川、甘肃、陕西、重庆等10省(市)的400多个县(市、区)不同程度受灾。

3. 连锁性强

地震发生后，还会引起一系列次生灾害，如火灾、水灾、海啸、山体滑坡、泥石流、毒气泄漏、流行病、放射性污染等。1556年1月23日陕西华县8级地震，直接死于地震的有10万多人，而震后死于瘟疫和饥荒的高达70多万人；2008年汶川地震由于灾区山地特点，造成大量山体滑坡等地质灾害，也是造成人员大量伤亡的重要特点。

4. 救灾难度大

严重破坏性地震发生后，以极震区为中心的广大区域，一切经济活动中断，社会功能部分或全部损失，甚至导致灾区基本丧失自救和自我恢复能力，社会生活一时陷入瘫痪状态，抢险救灾工作主要依靠外部救援，需要国家乃至国际社会紧急援助。

5. 社会影响严重

强烈地震发生后，不但人员伤亡惨重，经济损失巨大，严重影响人们的正常生活和经济活动，而且对人们的心灵也造成巨大创伤，这种创伤不是短时间能愈合的。人们世代劳动积累的财富毁于一旦，恢复生产、重建家园需要几代人的努力，甚至需要全国和国际社会的支援。所以，一个地震造成的影响远比其他灾害大得多。

7.2 村庄地震灾害整治

根据《村庄整治技术规范》3.1.4条的规定：现状存在隐患的生命线工程和重要设施、学校和村民集中活动场所等公共建筑应进行整治改造，并应符合现行标准《建筑抗震设计规范》(GB 50011—2001)、《建筑设计防火规范》(GB 50016—2006)、《建筑结构荷载规范》(GB 50009—2001)、《建筑地基基础设计规范》(GB 50007—2002)、《冻土地区建筑地基基础设计规范》(JGJ 118—1998)等的要求。

7.2.1 减轻地震灾害的基本对策

历史震害经验表明，造成地震灾害损失的原因主要包括两个方面：其一是场地所面临的地震危险性(致灾因子)，其二是承灾体自身抗御地震灾害的能力。地震危险性是场地所面临的客观自然环境，人们只能客观地认识和接受它，以目前的科技水平尚不能制止和控制地震的发生。所以，要有效减轻地震灾害，可行的方法是确定合理的抗震设防标准和提高承灾体综合抗震防灾能力。根据对国内外城镇建设的发展经验和研究进展，提高城镇综合抗震防灾能力的根本途径有两条：一是通过采用诸如抗震设计等抗灾技术提高单体工程的抗灾能力，二是通过编制和实施抗震防灾规划，实现防灾资源的合理优化配置，提高城镇的系统防灾能力和应急救灾能力。

另外，通过增强全社会的防震减灾意识，提高公民在地震灾害中自救、互救能力，也是减轻地震灾害的重要因素。包括建立健全减灾工作体系，开展防震减灾宣传、教育、培训、演习、科研以及推进地震灾害保险，救灾资金和物资储备等工作。减轻地震灾害的基本对策示意如图7-2所示。

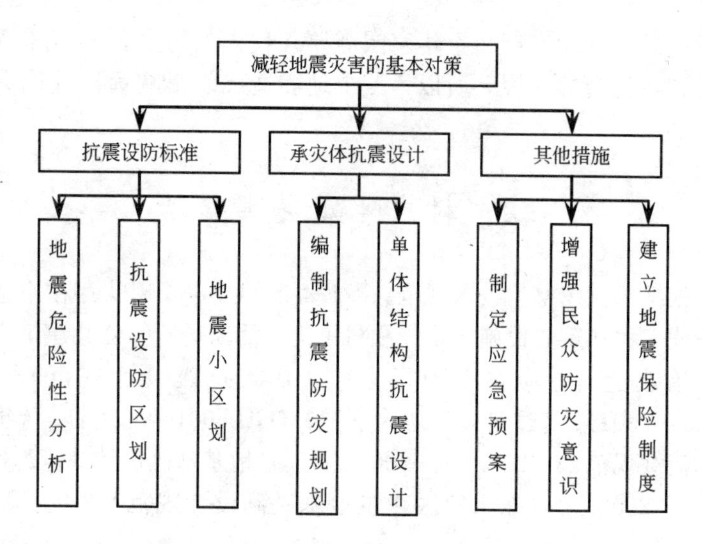

图 7-2 减轻地震灾害的基本对策示意图

7.2.2 建筑物抗震防灾

根据国内外多次地震的经验证明，地基坚实，基础稳固，墙、柱、梁、屋盖彼此连接成一个牢固的整体，高度适当，屋盖轻巧，布局匀称，施工质量好，经常进行维修的建筑物，其抗震性能就较好。对新建工程进行抗震设防，对现有工程进行抗震加固是减轻地震灾害行之有效的措施。

1. 工程抗震设防

国内外历次地震表明，减轻地震灾害的有效措施之一是进行工程设施的抗震设防。2008 年汶川地震灾害调查表明，严格按照《建筑抗震设计规范》(GB 50011—2001)设计的建筑，在预期地震的作用下一般都能达到抗震设防目标，也有很多超过预期地震的建筑也有良好的表现。因此，强化工程的抗震设防并把提高建筑物的地震安全性作为重要的指标，这是保障人民安居乐业的关键。

抗震设防是指对建筑结构进行抗震设计并采取一定的抗震构造措施，以达到结构抗震的效果和目的。抗震设防的依据是抗震设防烈度，地震烈度按不同的频度和强度通常可划分为小震烈度、中震烈度和大震烈度。抗震设防烈度是按照国家批准权限审定的作为一个地区抗震设防依据的地震烈度，一般情况下可采用中国地震烈度区划图的地震基本烈度；对于做过抗震防灾规划的城市，可以按照批准的抗震设防区划(设防烈度或设防地震动参数)进行抗震设防。我国目前规定的抗震设防区是指地震烈度为6度或6度以上的地区，《建筑抗震设计规范》(GB 50011—2001)适用于6～9度地区的建筑结构一般设计。

2. 新建建筑抗震防灾

为使建筑物达到规定的抗震设防要求，必须采取相应的抗震防灾措施，这些措施的基本原理是：增强强度、提高延性、加强整体性和改善传力途径等。为了提高新建建筑的抗震性能必须把好抗震设计和施工两道关。根据当前震害经验和理论认识，良好的抗震设计应尽可能考虑以下原则：

(1) 选择有利于抗震的场地

选择建筑场地时，应根据工程需要，掌握地震活动情况、工程地质和地震地质的有关资料，作出综合分析。宜选择对建筑抗震有利的地段，如表7-1所示。

有利、不利和危险地段的划分 **表7-1**

地段类别	地质、地形、地貌
有利地段	稳定基岩，坚硬土，开阔、平坦、密实、均匀的中硬土等
不利地段	软弱土，液化土，条状突出的山嘴，高耸孤立的山丘，非岩质的陡坡，河岸和边坡的边缘，平面分布上成因、岩性、状态明显不均匀的土层(如故河道，疏松的断层破碎带，暗埋的塘浜沟谷和半填半挖地基)等
危险地段	地震时可能发生滑坡、崩塌、地陷、地裂、泥石流等及发震断裂带上可能发生地表位错的部位

(2) 选择利于抗震的场地，采取有效基础抗震措施

同一结构单元不宜设置在性质截然不同的地基土上，也不宜部分采用天然地基，部分采用桩基；当地基有软弱黏土、可液化土、新近填土或严重不均匀土时，应采取地基处理措施加强基础的整体性和刚性，以防止地震引起的动态和永久的不均匀变形；在地基稳定的条件下，还应考虑结构与地基的振动性，力求避免共振的影响。

(3) 选择对抗震有利的建筑平面和立面布置

建筑的平面和立面布置宜对称、规则，力求使质量和刚度变化均匀。规则结构为建筑的立面和竖向剖面规则，结构的侧向刚度宜均匀变化，竖向抗侧力构件的截面尺寸和材料强度宜自下而上逐渐减小，避免抗侧力结构的侧向刚度和承载力突变。

结构不规则又分为平面不规则和竖向不规则。平面不规则：如在建筑平面上呈“Y”、“T”、“H”、“Y”形和附加的结构物。竖向不规则：如在立面上的屋顶小屋等。详见表 7-2、表 7-3 所示。

平面不规则的类型　表 7-2

不规则类型	定　义
扭转不规则	楼层的最大弹性水平位移(或层间位移)大于该楼层两端弹性水平位移(或层间位移)平均值的 1.2 倍
凹凸不规则	结构平面凹进的一侧尺寸大于相应投影方向总尺寸的 30%
楼板局部不连续	楼板的尺寸和平面刚度急剧变化，例如有效楼板宽度小于该层楼板典型宽度的 50%，或开洞面积大于该层楼面面积的 30%，或较大的楼层错层

竖向不规则的类型　表 7-3

不规则类型	定　义
侧向刚度不规则	该层的侧向刚度小于相邻上一层的 70%，或小于其上相邻三个楼层侧向刚度平均值的 80%，除顶层外，局部收进的水平向尺寸大于相邻下一层的 25%
竖向抗侧力构件不连续	竖向抗侧力构件(柱、抗震墙、抗震支撑)的内力由水平转换构件(梁、桁架等)向下传递
楼层承载力突变	抗侧力结构的层间受剪承载力小于相邻上一楼层的 80%

建筑的防震缝应根据建筑的类型、结构体系和建筑形状等具体情况的实际需要设置。当设置防震缝时，应将建筑分成规则的结构单元。防震缝应根据烈度、场地类别、房屋类型等留有足够的宽度，其两侧的上部结构应完全分开。伸缩缝、沉降缝应符合防震缝的设置要求。

(4) 选择合理的抗震结构体系

抗震结构体系应根据建筑物的重要性、设防烈度、房屋高度、场地、地基、基础、材料和施工等因素，经过技术、经济条件比较，综合确定。选择建筑结构体系时，应符合以下要求：①应具有明确的结构计算简图和合理的地震作用传递途径；②宜有多道抗震防线，应避免因部分结构或构件破坏而导致整个结构体系丧失抗震能力或对重力荷载的承载能力；③应具备必要的强度、良好的变形能力和耗能能力；④宜具有合理的刚度和强度分布，对可能出现的薄弱部位，应采取措施提高抗震能力。

（5）选择合理的结构构件

结构构件应具有良好的延性，力求避免脆性破坏或失稳破坏。在选择抗震结构的构件时，应符合下列要求：①砌体结构构件应按规定设置钢筋混凝土结构圈梁、构造柱、芯柱或采用配筋砌体和组合砌体柱，以改善砌体结构的抗震能力；②混凝土结构构件应合理地选择构件尺寸、配置纵向钢筋和箍筋，避免剪切先于弯曲破坏、混凝土压溃先于钢筋屈服破坏、钢筋锚固黏结先于构件破坏；③钢结构构件应合理控制构件尺寸，防止局部或整个构件失稳。

（6）处理好非结构构件和主体结构的关系

附着于楼、屋面结构构件的非结构构件(如女儿墙、雨篷等)应与主体结构有可靠的连接或锚固，避免倒塌伤人或砸坏仪器设备；围护墙与隔墙应考虑对主体结构抗震有利或不利的影响，避免不合理设置而导致主体结构的破坏；幕墙、装饰贴面与主体结构应有可靠的连接，避免塌落伤人，当不可避免时应有可靠的防护措施。

（7）注意材料的选用和施工质量

除对材料和施工的一般要求外，抗震结构对材料和施工质量的要求应保证切实执行。各类材料的强度等级应符合最低要求，钢筋接头及焊接质量应满足规范要求。在施工中，不宜以强度等级高的钢筋替换原设计中的纵向受力钢筋。

（8）采用结构控制新技术

选用隔震与耗能减震新技术，是根据建筑抗震设防类别、设防烈度、场地条件、结构方案及使用条件等，经对结构体系进行技术、经济可行性的综合对比分析后确定的。

3. 现有工程抗震加固策略

抗震加固的目标是提高房屋的抗震承载力、变形能力和整体抗震性能，根据我国近30年的试验研究和抗震加固实践经验，常用的抗震加固方法分述如下：

(1) 增强自身加固法

增强自身加固法是为了加强结构构件自身，使其恢复或提高构件的承载能力和抗震能力，主要用于修补震前结构裂缝缺陷和震后出现裂缝的结构构件的修复加固。

1) 压力灌注水泥浆加固法：可以用来灌注砖墙裂缝和混凝土构件的裂缝，也可以用来提高砌筑砂浆强度等级≤M1(即10号砂浆以下)砖墙的抗震承载力。

2) 压力灌注环氧树脂浆加固法：可以用于加固有裂缝的钢筋混凝土构件。

3) 铁把据加固法：此法用来加固有裂缝的砖墙。

(2) 外包加固法

指在结构构件外面增设加强层，以提高结构构件的抗震承载力、变形能力和整体性。这种加固方法适用于结构构件破坏严重或要求较多地提高抗震承载力，一般做法有：

1) 外包钢筋混凝土面层加固法。这是加固钢筋混凝土梁、柱和砖柱、砖墙和筒壁的有效方法，尤其适用于湿度高的地区。

2) 钢筋网水泥砂浆面层加固法。此法主要用于加固砖柱、砖墙与砖筒壁，比较简便。

3) 水泥砂浆面层加固法。适用于不要过多地提高抗震强度的砖墙加固。

4) 钢构件网笼加固法。适用于加固砖柱、砖烟囱和钢筋混凝土梁、柱及桁架杆件，其优点是施工方便，但须采取防锈措施，在有害气体侵蚀和湿度高的环境中不宜采用。

(3) 增设构件加固法

在原有结构构件以外增设构件是提高结构抗震承载力、变形能力和整体性的有效措施。在进行增设构件的加固设计时，应考虑增设构件对结构计算简图和动力特性的影响。

1) 增设墙体加固法

2) 增设柱子加固法。设置外加柱可以增加其抗倾覆能力。

3）增设拉杆加固法。此法多用于受弯构件（如梁、桁架、檩条等）的加固和纵横墙连接部位的加固，也可用来代替沿内墙的圈梁。

4）增设支撑加固法。可以提高结构的抗震强度和整体性，并可增加结构受力的冗余度。

5）增设圈梁加固法。

6）增设支托加固法。

7）增设刚架加固法。可用于受使用净空要求的限制的情况。

8）增设门窗框加固法。

（4）增强连接加固法

震害调查表明，构件的连接是薄弱环节。针对各结构构件间的连接采用下列方法进行加固，能够保证各构件之间的抗震承载力，提高变形能力，保障结构的整体稳定性。这种加固方法适用于结构构件承载能力能够满足，但构件间连接差的情况。其他各种加固方法也必须采取措施增强其连接。

1）拉结钢筋加固法。

2）压浆锚杆加固法：适用于纵横墙间没有咬槎砌筑，连接很差的部位。

3）钢夹套加固法：适用于隔墙与顶板和梁连接不良时。

4）综合加固也可增强连接。

（5）替换构件加固法

对原有强度低、韧性差的构件用强度高、韧性好的材料来替换。替换后须做好与原构件的连接。通常采用的有：

1）钢筋混凝土替换砖。如钢筋混凝土柱替换砖柱；钢筋混凝土墙替换砖墙。

2）钢构件替换木构件。对于重要建筑物来说，其抗震加固一般均可以采用传统的抗震加固方法进行，但由于重要建筑物往往有其特殊的使用要求，例如功能不能中断，建筑形式需要保护等。现代土木工程技术的发展提供了许多抗震加固的新的方法，这些方法有的还可以应用到普通建筑物的加固中去。如利用 FRP（FiberReinforcedPolymer，纤维增强聚合物）对已有建筑物进行修复和加固，采用结构隔震、减震控制技术进行结构抗震加固改造等，这些新技术的应用大大提高了现存不满足抗震要求的建筑抗震能力，在村庄整治过程中可以根据实际需求进行选择。

7.2.3 基础设施抗震防灾

1. 交通系统抗震防灾对策

历史震害经验表明，交通系统在地震后的应急救援、次生火灾阻断方面有着重要作用。如 1995 年日本阪神 7.2 级地震，造成 1057 处道路受损，出现了由于道路阻塞而造成救灾物资供应混乱和火灾无法及时扑救等情况，失去了宝贵救援时间，造成了巨大的损失。

(1) 公路路基路面震害情况

大多数情况下，路面的破坏是由于地基或作为路面基础的路基发生变化造成的。路基的沉陷、断裂等往往是路面破坏的直接原因。

1999 年 9 月 21 日，我国台湾集集发生强烈地震，造成了大量的人员伤亡，给台湾的经济带来巨大损失。在这次地震中不仅建筑物遭到破坏，生命线系统也遭受了严重破坏，图 7-3 所示为某处道路的路基破坏情况，造成了震后通行受阻，影响救援工作的进行。

图 7-3 路基路面的破坏情况

(2) 桥梁震害

桥梁是交通系统的重要组成部分，近代地震震害表明，主要交通干线上的桥梁，一旦遭受地震灾害，会导致严重的社会后果。桥梁作为交通系统的关键节点，一旦破坏后可能造成整个路段受阻，尤其是对于跨河桥梁，一旦破坏后修复难度大，直接影响到震后救援交通。

而我国唐山地震中，由于多数结构物未经过抗震设计，以至于在强烈地震作用下，酿成巨灾。在11度及10度区内，公路桥、铁路桥普遍倒塌或严重破坏，在10度区，桥梁破坏较重，在8度区，多数桥梁受到不同程度的损坏，少数严重破坏，个别倒塌，在7度区，少数桥梁遭到严重破坏，部分桥梁中等破坏或严重破坏。在7至11度区内，据统计，倒塌的桥梁有18座，占13.6%，严重破坏的有20座，占15.36%，在倒塌的18座桥梁中，有15座主要是由于不同的岸坡滑移、地基失效等原因引起的，另外3座是由于桥墩断裂、支座破坏、梁体碰撞、相邻墩发生较大的相对位移所造成的。例如唐山市滦县的滦河大桥，震害见图7-4。

图7-4 滦河大桥破坏情况

(3) 抗震防灾对策

1) 山区路基

① 在不低于7度的烈度区内，挡土墙应根据设计烈度进行抗震强度和稳定性验算。干砌挡土墙应根据地震烈度限制墙的高度，

浆砌挡土墙应适当提高砂浆标号。软土地基上的挡土墙应采取相应的地基处理措施，同时保证挡土墙的施工质量。

② 沿河路线应尽可能地避开地震时可能发生大规模崩塌和滑坡的地段。

③ 尽量避免或减少在山坡上采用半填半挖路基。如须用则应采取适当加固措施。在横坡陡于 1∶3 的山坡上填筑路堤时，应采取措施保证填方部分与山坡的结合，同时应加强上侧山坡的排水和坡脚的支挡措施。在更陡的山坡上，应用挡土墙加固。

④ 严格控制挖方边坡高度，并根据地震烈度适当放缓边坡坡度，尽可能地减少对自然植被和山体自然平衡条件的破坏。在岩体严重风化松散地段和易崩塌、易滑坡的地段，采取适当的防护加固措施。

2）平原区路基

① 在软土地基上修筑路基时，要注意查清地基中可液化砂土、易触变黏土的厚度和埋藏范围，同时采取适当的加固措施。

② 加强路基排水，避免路侧积水。

③ 尽量采用黏性土填筑路堤，避免使用低塑性粉土或砂土。

④ 尽量避免在地势低洼地带修筑路基，尽可能地避免沿河岸和水渠修筑路基。

⑤ 严格控制路基的压实，特别是高路堤的分层压实，应尽量使路肩与行车道部分具有相同的密实度。

⑥ 注意新老路基的结合，特别是应注意对新填土的压实。

⑦ 加强和完善桥头路堤的防护工程和加固措施。

3）桥梁

① 桥梁抗震的总体设计准则是要防止桥梁在强烈地震中部分或整体倒塌；战略性的道路桥梁为了疏散、救援和经济上的原因，在任何时刻至少应保证轻型运输的通畅。

② 地基失稳是导致桥梁失事的关键，选择桥位时，应尽量避开活动断层且其邻近地段；避开危及桥梁安全的滑坡、崩塌地段；应避开饱和松散粉细砂、古河道等软弱土层地段。

③ 选择合理的基础形式和桥梁结构方案，可以认为，在软土

地基上，桩基就比沉井和扩大基础要好，深基显然优于浅基。桥梁结构方案选择上，一般来说，在山区峡谷基岩地带易修建石拱桥，在开阔的河谷地或地质条件不均匀地带和平原覆盖层较厚、土层软弱地基上的大中桥梁，应适当加长桥孔，将桥台设置在比较稳定的河岸上，不宜做斜交桥。

④ 多孔长桥宜分节建造，使各分节能互不依存地变形。

⑤ 用砖、石砌体和水泥混凝土等脆性材料修建的桥梁，易发生裂纹、位移和坍塌等，应尽量少用，宜选用抗震性能好的钢材或钢筋混凝土。

⑥ 桥梁抗震设计的先决条件之一是要保持地震塑性铰能在所预先指定的部位上形成，亦即为了在震后易于修复，一般是设在桥墩可见部位。

⑦ 在长度较长和大型的桥梁及其邻近自由地表设置强震仪，积累基础性资料。

2. 供水系统抗震防灾对策

供水系统是生命线系统的重要组成成分，在正常生活和发展中发挥着极其重要的作用，一旦遭到破坏，不仅会引起系统本身的破坏，导致系统功能的丧失，甚至还会引发次生灾害。1976 年唐山地震时，大部分市区烈度为 10 度，城市供水系统全部瘫痪，$DN80$～$DN600$ 输配水管道遭到破坏 444 处，震后只能取洼坑、鱼塘、游泳池内的积水作为生活用水，而且由于断绝了消防水源使地震火灾加剧。因此，供水系统必须具备良好的抗震可靠性、灵活的反应能力和快速的恢复能力。

(1) 抗震加固改造对策

对于供水系统的建(构)筑物，在遭遇大震地震作用时，应控制在中等破坏之内。对于在大震作用下，震害预测结果属于中等破坏和严重破坏的，应对薄弱部位进行加固。

对于供水管网，当在大震作用下管道属于严重破坏时，应对关键线路和薄弱环节进行重点加固，当在设防烈度作用下管道属于轻微破坏时，应进行一般加固。

(2) 抗震加固改造方法

提高地下供水管道抗震性能的一整套措施包括：选择适宜抗震的管线；采用合理的结构方案；正确地规定可能的地震计算烈度，结构强度和稳定性；正确地计算或专门研究；高质量的建筑安装工程；组织检查结构状态和建立有关最危险管段的管道不允许变形和损坏的预报系统。管道的抗震性能应能保证在遭受设防烈度的地震时，管道处于弹性工作阶段，基本上无破坏发生(或破坏发生率同平时破坏率)。

1）采用柔性接头和韧性管材

管道的接口尽量不采用刚性连接。铸铁、钢筋混凝土和石棉水泥管道一般宜采用柔性的承插式接口和套管接口。使用抗冻、耐久和弹性稳定的聚合材料做橡胶密封圈，建议设置较长的承口，确保在不破坏管子接口连接的前提下承受较大的位移。

采用带有限位器的承插式接口，这种限位器限制较大的位移且“挤压”密封填料。在承接口达到极限位移时地震荷载由管体和设在接口连接处的限位器来承受。

在带有柔性接口的管道转角处从外角一侧应设置混凝土支墩，从而在一定条件下在变向的地震荷载作用下可以明显降低拉力在接口连接处的传递。

2）关键部位设置伸缩管节

在穿过性能截然不同的两个土层的管段中，在管道与其他走向的管道或与设备和构筑物的连接处设置曲线插入段或伸缩段、波纹管、油封管和其他伸缩节。

混凝土蓄水池管道入口，使用油封引入管，不同结构的伸缩节地上伸缩段(管道曲线段)，在穿过可能的断层部位将管道埋设在地表填土中或露天敷设，以及地上敷设都可以保证明显降低地下管道的地震荷载。以一定跨距进入地下管道的地上伸缩管段也可以确保降低管道正常使用过程中由管子温度和压力变化引起的纵向应力。

波纹伸缩节为波纹式管节，它可以设附加的限制管道截面位移的管节，或在波纹部分之外设铰接的限位器，该限位器可阻止管道过分伸长和弯曲。限位器为单独的拉杆或为组合铰接的拉杆。这种伸缩节可以在管道的任何部位确保线位移和角位移。对埋地管线，需设置特制的护箱和外壳来防止土和碎石等落入波纹环性形凹部，以免降低管道的伸缩能力。新型波纹伸缩节结构，这种结构不需设置特制护箱或保护壳。使用硫化法，将伸缩节波纹之间的外腔用防腐保护性能的弹性材料填充。弹性材料作为防止伸缩节相邻波纹互撞的限制圈，同时也能够提高波纹管外表面防腐蚀的性能。

3）管沟的减震隔震措施

利用管道特制封套(如无纺合成材料)，或用松土、黏着系数小且容重低的特制材料填充管沟，以降低管道在土中的约束，从而减少传递到管道中的地震能量，减少管道随场地土的变形。

在性能截然不同的土层分界附近的地段，特别是在软土和坚硬地层交界处，建议管道回填使用未压实的粗粒砂，砂石等。

在地震最危险的区段适宜使用支架敷设或带有地上伸缩管段的无堤地面敷设取代地下埋设。

4）加固和改善场地条件

在地震危险区降低边坡坡度或对边坡进行专门的加固。在坡度大于8°时建议管道敷设在半路堑半路堤上。在横向坡度12°～18°的边坡上设置护壁挡土墙。不要沿分水岭顶部敷设管道，因为在这种情况下地震由底部向顶部的振动可能增强。

在可能发生因地震作用产生砂土液化的地段(特别是管道与构筑物连接处)，建议局部夯实或用粗粒砂局部更换粉砂土。必须对管线埋设的区域进行排水、引水等。在敷设非塑性材料制作的且带有刚性接口的管道时采用水玻璃处理和沥青灌浆等方法加固地基。

管接口两侧，闸门、阀门和动力特性与主管道不同的其他结构或管段的两侧设置全程伸缩节。

3. 电力系统抗震防灾对策

(1) 合理选型

电气设备的合理选型，是确保电气设备抗震能力的基础。但是，目前我国尚无定型的抗震型电气设备，也就是说，目前我国的电气设备，都没有抗震参数，这就使得地震区电气设备合理选型的工作，难以解决。在这方面，有待制造部门和使用部门的协作去解决，也需要国家牵头。

在目前条件下，进行电气设备选型时，应注意以下几点：

1）选用瓷套强度较高、抗震性能较好的设备，如：FCZ型磁吹避雷器比FZ型伐型避雷器的抗震性能好，在高烈度区，宜选用FCZ型磁吹避雷器或氧化锌避雷器。

2）根据安装地点的场地土条件，尽可能选用设备的自振频率与场地土的卓越频率相距较远的电气设备，避免共振。

3）选用设备本体阻尼比较大的设备。

4）对于7度以上地区的新试制设备，在编制技术条件和签订设备技术协议时。应提出对抗震性能的要求。

（2）装设隔震装置(减震器、阻尼器)

当110～220kV少油断路器、Fz-l10J避雷器、110～330kV棒式支柱绝缘子装上减震阻尼装置后，在遭到地震烈度为9度的地震袭击时，一般情况下不会损坏。关于电气装设隔震装置的问题，在《电力设施抗震设计规范》(GB 50260—1996)中，已有明确规定。

（3）安装设计注意事项

1）设计烈度必须符合地区基本烈度的要求，特别重要的工程可提高一度设防。但要经上级批准。

2）合理选择配电装置形式。注意户内、户外；低型、中型、半高型、高型；支持式管型母线与悬挂式铝管母线或软母线的区别。在8度及以上地区，以屋外配电装置、低型、中型、悬挂式铝管母线或软母线为宜。

3）在条件许可时，适当拉开设备之间的距离。

4）电力变压器、并联电抗器、消弧线圈等采取固定措施，拆除滚轮、打拉线或底座焊在基础平台上以及采用环氧树脂管材加固电抗器等。

5）变压器的事故排油、事故贮油设施应齐全。

6）对蓄电池和电力电容器采取防位移、防倾倒措施。如设围栏进行防护，高烈度区的中、小变电所取消蓄电池采用镉镍电池柜等，蓄电池连接线宜软连接。电容器底部固定在支架上。

7）盘、屏等装置底部要牢固固定在基础上。

8）电力系统通信设备本体要固定牢靠，同时，要有备用电源。

（4）投入运行的设备的抗震措施

1）运行单位在设备投入运行前应检查电气设备的抗震措施是否完善，安装是否符合要求，并作好抗震验收记录。

2）设备在运行期间应经常检查已有的抗震措施是否完好，并经常进行维护。检查的主要内容有：①电气设备在运行过程中有无机械损伤。②设备固定是否牢固可靠。如螺栓是否松动，焊接部位锈蚀情况，焊接强度有无影响。③减震器、阻尼器等隔震装置的特性有无变比，减震性能是否还满足要求。④直流电源、事故备用电源、继电保护和自动装置是否正常和可靠。⑤事故排油和消防设施等辅助设施是否完好。⑥接地装置和设备的接地引线是否良好，接地电阻是否合格。⑦设备基础和支架有无不均匀下沉和倾斜现象。⑧容易损坏的设备或部件的备品、备件是否齐全；存放地点和保存方式是否安全可靠。

（5）应急处治对策

在整个电力系统中，输电线路一般都具有很高的抗震能力，而且即使有一般震害，修复也相对容易。但变电环节的变电站，却对地震较为敏感，特别是高压电磁设备，因其自振周期与一般的场地卓越周期较为接近，很容易发生共振，加之高压电磁设备又为脆性材料，故一般震害较为严重。为减少地震所造成的经济损失，建议采取以下对策：

1）在各变电站，根据维修经验备有一定量的高压电气设备，以便震后抢修；

2）如条件允许，对重要的部位，如变压器磁柱部位加装减震装置，以减轻震害；

3）控制室中的设备要尽可能的连在一起，同时装好底部连接和重心以上部位与其他可靠构件的连接；

4）控制室内的设备的控制盘要安减震装置；

5）电力抢修部门应有地震应急预案，以免地震发生后延误抢修时间；电力部门应该在平时维护中熟悉供电线路的薄弱环节，以做到心中有数，并尽可能在离线路较近的地方备有应急抢、排险用的物资和构件。

7.2.4 防治次生灾害对策和措施

1. 防止次生火灾对策与措施

地震火灾危险性分析是做好防御地震次生火灾的基础，地震火灾的特点分析是制定地震次生火灾防御对策的依据，因此，提出如下的防御对策：

(1) 加强对消防的要求，做好消防规划，强化消防系统建设，加强消防中心现代化管理和新技术的应用，增设消防站和消防网点，完善消防体系。

(2) 加强地震火灾发生时的临场指挥安排，对急救、疏散、避难、处理、修复都应有切实可行的规划和决策。

(3) 提高建筑的耐火等级等措施，使建筑逐步向不燃化和难燃化发展；使建筑密度、人口密度达到安全标准；打通消防通道，增设消防水池，以改善消防条件。

(4) 建立、完善油库的防火制度和具体措施。应在罐体周围砌成防护堤，一旦罐体的油泄漏是不会到处流淌，以至遇火成灾；应在罐体上方有消防泡沫管道，管道与设有双电源的消防泵连接，若有火情，消防泵房可以将泡沫打到灌顶上；消防系统应对各油库有专门的灭火方案和措施。逐步取消和限制各单位分散油库，提高供油、储油的社会化服务水平。

(5) 建立完善对液化气储罐站和加油站的防火制度和具体措施。应尽可能使之远离居民区，严格执行液化气储罐和加油站的有关安全防火制度，经常检查有关设备，如阀门管道，罐体等的安全可靠性，发现隐患应立即采取措施，以防地震时设备或部件震坏，导致火灾的发生。

(6) 提高民众防火意识，加强地震次生灾害防御知识的宣传和普及。

1) 利用各种宣传工具，进行地震次生灾害种类、产生原因、危害性以及预防、扑救方法的宣传教育，结合平时灾害的宣传，并要持之以恒。

2）对专业、企业消防组织成员和要害部门的职工进行重点教育。主要内容有：地震初始次生灾害的扑救行动和处理措施，堵塞、封闭次生灾害源的行动和措施等。

3）搞好重要部门职工的防灾教育和岗位练兵活动，严格生产管理，认真执行各项安全生产的规章制度。普及地震次生灾害预防、协助专业扑救人员的扑救和处理等知识，适时进行训练演习。

4）对居民区居民进行普及教育，普及宣传抗震、避震、防次生灾害的基本知识。加强对居民用火和石油液化气的安全教育，以减少地震后发生火灾的可能性，以增强居民的抗震防灾意识。

2. 防止次生水灾对策与措施

地震发生后，立即产生次生水灾的实例虽少，但一旦发生其后果是严重的，因此，应制定有关防御对策。

(1) 合理选择水利工程建设的场地。

(2) 水利工程应按规定设防，对建设年代较久远的、未经过抗震设防或抗震设防标准很低的水库，对这些水库的大坝等重要设施进行专门的抗震鉴定和易损性分析，发现隐患，采取加固措施。

(3) 做好防洪规划，提高防洪标准，制定防御措施。

(4) 治理水库、湖泊、河流沿岸的滑坡、泥石流危险地段。

(5) 在抗震防灾规划和地震应急预案中，应对地震次生水灾的预防和应急做具体要求。

3. 防御地震次生毒气泄漏与爆炸的对策

(1) 对于化工、石化等企业和储存仓库要做好安全防范工作，防止地震发生时产生毒气泄漏和引起爆炸事故。

(2) 加强对易燃易爆，有毒有害物质的生产和储存装置、管道的工程鉴定和加固工作，防止由于工程上的原因造成地震次生灾害的发生。

(3) 认真遵守油库、液化气储罐站、加油站等的消防规定，制定火灾、爆炸的有关防御方案。

(4) 加强民用爆炸品的管理，严格规章制度，防止地震时发生储存民用爆炸品库房的倒塌和防止爆炸事故的发生。

4. 地震次生海啸的防御对策

目前，对付地震海啸袭击尚无一种成熟有效的方法，通行的原则仍是防抗与躲避相结合。即贯彻预防为主，在抓好根本性的防抗措施的同时，加强海啸的预测预报，及时采取回避及躲避的对策，把地震海啸造成的损失降低到最低限度。

(1) 进行地震海啸危险性分析及研究。地震海啸危险性分析及研究是地震海啸预报的基础，是防抗地震海啸灾害的依据。沿海有关部门应认真开展这一基础研究工作，其主要内容有：

1) 收集地震、海洋地质、海底地形、地球物理资料，根据地震海啸的成因、条件，划定地震海啸发生的危险区段并绘制危险区划图。

2) 收集并整理海区及海岸测量资料，查清海区海底及沿岸地形、地貌情况，根据海啸成灾的条件，结合历史地震海啸冲击区及灾害程度的记载，划定地震海啸成灾的危险海岸区段，并绘制危险区划图。特别是要仔细查清历史上海啸冲击区的大小，最大涌高及冲击力，作为防抗地震海啸的基础资料。

(2) 建筑防浪堤、防潮壁，营造防潮林。政府应指定有关部门负责防波堤、防潮壁的建筑及维护，认真研究防波堤、防潮壁的选址、设计及建筑方法，科学合理的进行构筑，以真正起到防波、防啸作用。林业部门应加强防潮林的建设和管理，根据海岸地质地貌特点和防啸要求，合理地选择树种和造林方法，真正建起防洪抗啸的绿色长城。由于造林还具有其他效益，故沿海地区皆可实施。

(3) 对海啸灾害危险线以下的地区，一般不应布置建筑，原居民区、工、商业区应逐步改迁到较高地带，把它改为公园、林区等绿化地带。如实在要建筑，则房屋的排列方向垂直于海岸线方向或沿波传播的方向。房屋要采用坚固的混凝土结构，并很好地固定在地基上。建议把房子建在桩基上，底层是空间或车库等，因为海啸波可能冲过这层而不影响建筑的上层。

(4) 建立地震海啸预报、报警系统海啸的预报，一般通过两种途径来实现。其一，震后迅速确定地震参数，根据海啸的成因条件，及时作出判断；第二，应在危险的海区建立海震监测系统和海啸测定系统，通过海啸监测仪、验潮计直接测定，建设海啸预警预报和快速处置体系。

(5) 进行港口水工建筑物的设防与加固，港口是国家的交通枢纽，是对外贸易的重要渠道，港口应保证受啸不催，海啸后应能立即恢复工作。当中期地震并海啸预报发出后，港口应根据历史上最大地震海啸及风暴潮的涌高及冲击力，并适当考虑保险系数，进行水工建筑物的设防与加固。

(6) 建立避难场地，落实疏散方案。

1) 建立避难场地：在掌握历史上地震海啸冲击区及最大涌高的基础上，摸清危险线以上的高地，坚固建筑物的位置分布，建立避难场地及“安全岛”。

2) 落实疏散方案：震前对疏散场所、路线及方法进行周密的计划与安排，并广为宣传或演习，以便一旦发生海啸，做到临灾不慌，沉着应战。

(7) 临震应急措施在地震发生的短临阶段，应采取防海啸的应急准备，如把船舶、浮桥等海上漂浮物牢牢地系在桩子上，把路旁堆积的木材和其他杂物固定起来。房屋和围墙等要加以修补，屋内容易漂浮的家具也要固定起来。

5. 地震滑坡、泥石流灾害的防御对策

(1) 合理进行工程建设。如修建铁路、公路、桥梁、工厂、矿山、水库、村镇等，应统筹规划，避开危险地段。

(2) 植树种草，保护植被，这是防止水土流失的一种有效方法，不仅可以防止滑坡和泥石流的发生，还可以改善生态环境。

(3) 对重要工程如水库堤坝、人口密集村镇、交通干线及枢纽等附近具有危险的滑坡和泥石流进行工程治理。如修建引水渠、挡土墙和护坡、导流堤等。

7.3 村庄避震疏散整治

灾害来临前及灾害发生后，组织好居民避震疏散，是减少人员伤亡，降低生命财产损失十分有效的措施。在村庄整治中，要考虑村庄面临的灾害风险，根据人口的数量及分布情况建设防灾避难场所，为居民灾后提供避难地。

7.3.1 避震疏散的原则

避震疏散的目的是引导人们在震情紧张时撤离地震危险度高的住所和活动场所，集结在预定的比较安全的场所。避灾疏散安排应坚持“平灾结合”原则，避灾疏散场所平时可用于村民教育、体育、文娱和粮食晾晒等其他生活、生产活动，临灾预报发布后或灾害发生时用于避灾疏散。

(1) 地震来临时，组织好居民避震疏散，是减少人员伤亡，降低生命财产损失十分有效的措施。但是，它又是一项极其复杂的社会工作，必须有周密的规划和组织实施。

(2) 避震疏散的实施一定要适时适度。通常情况下，依据避震疏散场所的分布，组织居民就近避震疏散，居民可以自行或集中到规定的避震疏散场所避难，如果发生严重的火灾、水灾等次生灾害可以组织远程避震疏散，把居民疏散到安全地带。当有短临预报时，主要疏散老弱病残和儿童以及抗震能力严重不足房屋中的人员，其他人员坚守工作岗位；地震发生后主要疏散居住在发生中等破坏以上房屋内的人员。实施疏散时，优先安排抗震防灾重点区内居住在危房和非抗震房屋中的居民。

(3) 由于地震的随机性和突发性，加以目前地震预报尚未过关，避震疏散应以临震避难为主，以震前疏散为辅。

(4) 避震疏散必须要解决疏散安全的问题，应进行避震疏散路线的合理安排。避震疏散道路应对就近避震疏散、集中避震疏散和远程避震疏散进行道路安排。

7.3.2 避震疏散场所的分类及功能

(1) 紧急避震疏散场所：是地震发生后居民临时进行避难的场所。紧急避震疏散场所主要功能是供附近的居民临时避震疏散，也是居民在住宅附近集合并转移到固定避震疏散场所的过渡性场所；

(2) 固定避震疏散场所：面积较大、人员容纳较多的操场、空地等。固定避震疏散场所在灾时搭建临时建筑或帐篷，是供灾民较长时间避震疏散和进行集中性救援的重要场所；

(3) 中心避震疏散场所：规模较大、功能较全的固定避震疏散场所。中心避震疏散场所其内一般设抗震防灾指挥机构、情报设施、抢险救灾部队营地、直升机场、医疗抢救中心和重伤员转运中心等。

7.3.3 避震疏散场所的安全性

避震疏散规划应确保避震疏散途中和避震疏散场所内避震疏散人员的安全，对各种避震疏散场所和设施，应进行安全可靠性分析。用作避震疏散场所的场地、建筑物应保证在地震时的抗震安全性，避免二次震害带来更多的人员伤亡。避震疏散场所还应符合防止火灾、水灾、海啸、滑坡、山崩、场地液化、矿山采空区塌陷等其他防灾要求。

(1) 地震地质环境安全。避震疏散场所应避开地震断裂、地岩溶塌陷区、斜坡滑移、矿山采空区和场地容易发生液化的地区以及地震次生灾害(特别是火灾)源，禁止在危险地段规划建设避震疏散场所，尽量避开不利地段。

(2) 自然环境安全。避震避难场所不会被地震次生水灾(河流决堤、水库决坝)淹没，不受海啸袭击；地势平坦、开阔；北方的避震避难场所应避开风口、有防寒措施，南方应避开烂泥地、低洼地以及沟渠和水塘较多的地带；台风地区应避开风口。

(3) 人工环境安全。避震疏散场所必须远离易燃易爆、有毒物品生产工厂与仓库、高压输电线路、有可能震毁的建筑物；有较好的交通环境、较高的生命线供应保证能力以及必需的配套设施，应设防火隔离带、防火树林带以及消防设施、消防通道，设突发次生灾害的应急撤退路线，有伤病人员及时治疗与转移的能力。防灾据点应有更高的抗震设防能力。

(4) 避震疏散场所具有基本设施保障能力，各种工程设施符合抗震安全。

(5) 防止火灾、水灾、海啸、滑坡、山崩、场地液化、矿山采空区塌陷等其他防灾要求评价。

7.3.4 避震疏散整治建设要求

1. 避震疏散道路规划建设要求

对于避震疏散道路应提前规划，满足下述要求：

(1) 用作避震疏散的道路需满足地震时抗震救灾要求；

(2) 若道路两旁有宜散落、崩塌危险的边坡、地震中易破坏的非结构物和构件，应及时排除，同时提高道路上桥梁的抗震性能；

(3) 邻近村庄可共同制定本区各居民点的疏散方向和疏散道路，原则上要求快捷、安全、不堵塞路段，能顺利达到疏散地点；

(4) 村庄道路出入口数量不宜少于2个；

(5) 避震疏散道路的抗震防灾要求：

1) 救灾干道，村庄之间和村庄与城镇相互通连的干道为救灾干道。保证有效宽度不小于15m。

2) 疏散主干道：以村庄主干道(生活性主干道、交通性主干道)为主要疏散干道。保证有效宽度不小于7m，与救灾干道一起形成网络状连接。

3) 疏散次干道：以村庄次干道作为疏散次干道。保证有效宽度不小于4m。

2. 避震疏散场所规划建设要求

避震疏散场所应根据“平灾结合”的原则进行规划建设，具体建设要求主要包括以下方面：

(1) 避震疏散场所面积指标：

1) 固定疏散场所是作为地震时无家可归人员的中长期固定居住生活场所，中心疏散场所是具有地震后救灾功能的固定疏散场所；紧急避震疏散场所是作为地震刚发生时居民临时避震之用，之后房屋破坏的无家可归人员将转移到固定疏散场所；

2) 可供使用的避震疏散面积需要扣除可能倒塌瓦砾堆积危险区域；

3) 在计算所需避震疏散面积时，需按照紧急避震疏散面积和固定避震疏散面积分别计算，中心疏散场所面积可与固定避震疏散面积合并计算；

4）计算无家可归人员时，可按照简化计算方法，紧急避震疏散人员按照责任区域70%计算，固定避震疏散人员可按照责任区域40%计算。

（2）与消防规划相结合，考虑固定疏散场所的附近的基础设施配套建设，对于地震次生灾害影响较重地区，应合理考虑防护带的建设。

（3）规划布置的避震疏散原则：

1）道路应当成相互贯通的网络状，即使部分街道堵塞，也可以通过迂回线路到达目的地，不影响居民避震疏散和抢险救援工作的展开。

2）规划建设新的村庄或村庄向外围延伸时，应预留避震避难场所用地，并避免在安全隐患比较大的地区设置避震疏散场所。

3）避震疏散场所周围应采取有效措施隔离地震次生灾害危险源。

（4）设立避震疏散标志：

避难标示设施提供城市防灾疏散场地的位置、去往的路径和安全注意事项，引导避难疏散人群安全到达防灾疏散场地，提高避难行动的引导性、指向性、安全性。避难标示设施应醒目、清晰。可参考城市中的避难标志设施进行设计(见图7-5)。

图7-5 避震疏散标志

3. 避震疏散场所主要技术要求

(1) 人均有效避难面积：避震疏散场所的人均有效避难面积应按照避震疏散责任区内的需疏散人口进行计算。有效避难面积是避震疏散场所的占地总面积减去不适合避难的地域(例如：危险建筑及其倒塌后的危及区，公园的水面、陡峭山体、植被密度较高的或珍稀植被的绿化区，因避震危害文物保护的地域等)所占的面积。一般情况下，紧急避震疏散场所不小于$1m^2$；固定避震疏散场所不小于$2m^2$。

(2) 避震疏散场所规模：紧急避震疏散场地的用地不宜小于0.1ha，固定避震疏散场地不宜小于1ha，中心避震疏散场地不宜小于50ha。

各类避震疏散场所的用地可以是各自连成一片的，也可以由毗邻的多片用地构成，从防止次生火灾的角度考虑，固定避震疏散场所宜选择短边300m以上、面积10ha以上的地域。避震疏散场所的总面积必须满足避震疏散的需要。

(3) 服务半径：紧急避震疏散场所的服务半径应为500m左右，步行大约10min之内可以到达；固定避震疏散场所2～3km，步行大约1h之内可以到达。避震疏散场所服务范围的确定宜以行政单位划界，便于避震疏散场所的管理与有组织的疏散。但应考虑河流、铁路等的分割以及避震疏散道路的安全状况等。

(4) 配套设施：避震疏散场所的配套设施根据需要可包括通信设施、能源与照明设施、生活用水储备设施、临时厕所、垃圾存放设施、储备仓库等。紧急避震疏散场所可提供临时用水、照明设施以及临时厕所，固定避震疏散场所通常设置避震疏散人员的栖身场所、生活必需品与药品储备库、消防设施、应急通信设施与广播设施、临时发电与照明设备、医疗设施。

避震疏散场所内的栖身场所可以是帐篷或简易房屋，能够抵御当地的各种气候条件，如防寒、防风、防雨雪等，并有最基本的生活空间，居民以家庭为单元居住。物资储备安排可按确保避震疏散场所内人员3天或更长时间的饮用水、食品和其他生活必需品以及适量的衣物、药品等。

(5) 防火设施避震疏散场所距次生灾害危险源的距离应满足国家现行重大危险源和防火的有关标准要求；四周有次生火灾或爆炸危险源时，应设防火隔离带或防火树林带。避震疏散场所与周围易燃建筑等一般地震次生火灾源之间应设置不少于30m的防火安全带；距易燃易爆工厂仓库、供气厂、储气站等重大次生火灾或爆炸危险源距离应不小于1000m。避震疏散场所内应划分避难区块，区块之间应设防火安全带，应设防火设施、防火器材、消防通道、安全通道。

(6) 避震疏散场所必须有多个进出口，便于人员与车辆进出。而且，人员进出口与车辆进出口尽可能分开。进出口应当方便残疾人、老年人和车辆的进出。

(7) 用作避震疏散场所的场地应保证在地震来临时的抗震安全性，避免二次震害带来更多的人员伤亡。避震疏散场所还应符合防止火灾、水灾、海啸、滑坡、山崩、场地液化、采空区塌陷等其他防灾要求。

8 其他灾害整治

8.1 村庄防风减灾要求与措施

风灾是自然灾害的主要灾种之一，强风和地震一样，目前人类尚无能力将之消除。目前，能够做到的是尽量使风灾的损失降到最低，当然，随着人类科学技术的进步，人类防御风灾的能力也会逐渐增强。

8.1.1 风灾的危害

就历史上的各种自然灾害而言，似乎风灾最不容易引起人们的惊惧和色变，而事实上，它的危害一点儿也不在水灾、震灾之下。据世界气象组织(WMO)报告，全球每年死于台风的人数为2～3万人，西太平洋沿岸国家平均每年因台风造成的经济损失约为40亿美元。我国东临西北太平洋，大气风暴灾害频度很高，是世界上发生台风最多的地区。我国每年平均有8次台风登陆，有的可深入内地1500km。有的台风虽然没有登陆，但从近海地区移过，对沿海地区仍可造成重大影响。

随着科学技术的发展逐渐增强了人们抵御自然灾害的意识和能力，但风灾带来的损害依然是巨大的。以下是强风造成的危害介绍：

(1) 强风有可能吹倒建筑物、高空设施，易造成人员伤亡。如：各类危旧住房、厂房、工棚、临时建筑(如围墙等)、在建工程、市政公用设施(如路灯等)、游乐设施，各类吊机、施工电梯、脚手架、电线杆、树木、广告牌、铁塔等倒塌，造成压死压伤。如图8-1所示为2004年安徽萧县风灾将建筑物和树木摧毁的惨状。

(a)

(b)

图 8-1 风灾危害
(a)狂风损坏的房屋；(b)大树被连根拔起

(2) 强风会吹落高空物品，易造成砸伤砸死人事故。如：阳台、屋顶上的花盆，空调室外机、雨篷、太阳能热水器、屋顶杂物，建筑工地上的零星物品、工具、建筑材料等容易被风吹落造成伤亡。

(3) 强风容易造成人员伤亡的其他情况。如：门窗玻璃、幕墙玻璃等被强风吹乱碎，玻璃飞溅打死打伤人员；行人在路上、桥上、水边被吹倒或吹落水中，被摔死摔伤或溺水；电线被风吹断，使行人触电伤亡；船只被风浪掀翻沉没；公路上行驶的车辆被吹翻等造成伤亡。图 8-2 所示为美国新墨西哥州强风把卡车吹翻的状况。

(4) 大风袭来可能会损坏城市市政设施、通信设施和交通设施，造成停电、断水及交通中断等情况。2007 年在福建省泉州市惠安县崇武镇登陆的台风“圣帕”给福建、浙江等地造成了很大损失。图 8-3 所示为台风吹断电线杆造成停电及损失。

图 8-2 强风吹翻卡车

图 8-3 电线杆被龙卷风折断

（5）大风还引发风暴增水，沿海沿江潮水位抬高，出现大波大浪，导致海水江水倒灌，危及大堤和堤内人员设施的安全。如果出现天文大潮、台风、暴雨三碰头，则破坏性更大。风大潮高，极易引起船只相互碰撞受损，甚至沉没，严重时风浪可能掀断缆绳，致使船只随波逐流，极易撞毁桥梁、码头、海堤、江堤，造成恶性事故。

（6）大风还会引起沙尘暴。

8.1.2 防风减灾对策

1. 基本对策

风造成灾害的主要方式有：大风、大浪、风暴潮、暴雨，其破坏对象主要有建筑工程、园林绿化设施、生命线工程、海岸护坡等。防止风灾害的主要对策有：

（1）在北方大陆内地建造防风固沙林，在沿海地区建造防风护岸植被，以减小风力及大风对工程的破坏。

（2）在经常受风灾危害的地区，建立预报、预警体制。以目前的气象预报水平，提前几小时到几十小时进行大风预报是完全可能的；接到预报后采取紧急的防灾措施，可以大大减小风的灾害。例如，渔船可及时返港，停泊的船只加强锚锭，高层建筑门窗注意及时紧闭，行人不在广告牌等易倒建筑物下停留，高耸机械及时加上索缆等。

（3）编制风灾害影响区划，建立合理有效的应对策略，如避风疏散规划等。

（4）加强工程结构的防风设计，针对生命线工程，非主体但易损构件的防风易损性分析，及时加固并进行防风设计。

（5）针对各地区的风荷载特性研究，如地区风压分布、地面粗糙度划分、高层建筑风效应、大跨结构的风振分析等。

2. 电力系统的防风对策

（1）线路材料的选型

1）电杆应选用强度高的预应力混凝土杆，安全系数不应小于1.8。对线路走径的风口地段最好选用钢管电杆。

2）线路铁横担应采用热镀锌。拉线应采用镀锌钢绞线，其强度安全系数大于2.0，最小截面不小于$25mm^2$。

3）导线选用钢芯铝绞线，安全系数一般不小于30截面的选择应依据供配电网规划一次性标准选定。

4）绝缘子的选用，10kV线路直线杆应选用SP-15T，耐张杆应选用XW-4.5防污悬式绝缘子，机械强度安全系数不应小于2.0。

5）线路金具的选用必须达到一定的机械强度，且安全可靠，安全系数不应小于2.5。

（2）线路改造设计

1）线路改造时，应争取尽量避开原线路，有利于施工安全，也减少施工中的停电损失。

2）10kV线路档距应在80～90m，耐张段的长度不大于1500m最为适宜。防风拉线每3基装设一处，拉线基础应用混凝土浇灌或毛石砌筑。如遇沙质土、盐碱洼淤积及风口地段，应装底、卡盘、回填3∶7灰土夯实。每一杆基应设防风拉线，拉线的基础也是以上述方法加固，并做电杆的稳定性验算。

3）线路弧垂的调整应根据当地气象条件，采用10年一遇的数值，并根据不同档距、温度、风速来确定弧垂的大小。在固定导线时不能太紧，也不要太松，绑扎之处要有防摩擦措施。

（3）加强维护管理

1）编制生产检修计划，更新改造项目。落实线路运行人员责任制度。对发现的线路缺陷及时分析，采取相应的措施，果断处理，及时消缺。

2）加大奖惩力度，实行经济承包责任制，加强线路管理考核，加大运行管理力度。

3. 建(构)筑物防风对策

（1）选择合理的建筑体形

1）流线型平面。采用圆形或椭圆形等流线型平面的建筑，有利于减少作用于结构上的风荷载。采用三角形或矩形平面的高楼，转角处设计成圆角或切角，可以减少转角处的风压集中。

2）截锥状体形。高楼若采用上小下大的截锥状体形，由于顶部尺寸变小，减少了楼房上部较大数值的风荷载，并减小了风荷载引起的倾覆力矩。

3）不大的高宽比。房屋高宽比是衡量一幢高楼抗推刚度和侧移控制的一个主要指标。

4）透空层。高楼在风力作用下，迎风面产生正压力，背风面产生负压力，使高楼受到很大的水平荷载。如果利用高楼的设备层或者结合大楼“中庭”采光的需要，在高楼中部局部开洞或形成透空层，那么，在迎风面堆积的气流，就可以从洞口或透空层排出，减小了压力差，也就减少了因风速变化而引起的高楼振动加速度。

（2）风振控制

由于科技的进步，高层建筑和高耸结构正向着日益增高和高强轻质的方向发展。结构的刚度和阻尼不断地下降，结构在风载荷作用下的摆动也在加大。这样，就会直接影响到高层建筑和高耸结构的正常使用，使得结构刚度和舒适度的要求越来越难满足，甚至威胁到建筑物的安全。

传统的结构抗风对策是通过增强结构自身刚度和抗侧移能力来抵抗风荷载作用的，这是一种消极被动且不经济的抗风措施。近30多年来发展起来的结构振动控制技术开辟了结构抗风设计的新途径。结构振动控制技术就是在结构上附设控制构件和控制装置，在结构振动时通过被动或主动地施加控制力减小或抑制结构的动力反应，以满足结构的安全性、使用性和舒适度的要求。结构振动控制是传统抗风对策的突破与发展，是结构抗风的新方法和新途径。

8.2 村庄防雪灾要求与措施

雪灾亦称白灾，是因长时间大量降雪造成大范围积雪成灾的自然现象，是最具破坏的自然灾害之一。村庄整治中应根据区域位置充分考虑雪灾的危险性，采取相关措施从而保障人民生命财产安全。

8.2.1 雪灾的危害

2008年1月10日，雪灾在南方爆发了。湖南，贵州，湖北，江西，广西北部，广东北部，浙江西部，安徽南部，河南南部等大面积受灾。低温雨雪冰冻灾害造成21个省(区、市、兵团)不同程度受灾，因灾死亡100余人，紧急转移安置150余万人；农作物受灾面积1.77亿亩，绝收2530亩；森林受损面积近2.6亿亩；倒塌房屋35.4万间；造成1111亿元人民币直接经济损失。

雪灾一般在以下几个方面造成危害：

1. 畜牧业

雪灾对畜牧业的危害，主要是积雪掩盖草场，且超过一定深度，有的积雪虽不深，但密度较大，或者雪面覆冰形成冰壳，牲畜难以扒开雪层吃草，造成饥饿，有时冰壳还易划破羊和马的蹄腕，造成冻伤，致使牲畜瘦弱，常常造成牧畜流产，仔畜成活率低，老弱幼畜饥寒交迫，死亡增多。中国牧区的雪灾主要发生在内蒙古草原、西北和青藏高原的部分地区。1995年11月至1996年2月(部分地区持续到4月)，青南地区降雪较历年同期偏多，玉树一带多50%～100%，致使玉树州发生特大雪灾，雪灾造成129.24万头(只)死亡，死亡率达到48%(见图8-4)。

图8-4 雪灾造成黄羊大量死亡

2. 生命线设施

由于积雪造成各类塔架的垮塌、道路结冰打滑等，导致电力中断，通信不畅，交通受阻，直接影响人民正常生活，造成巨大的经济损失。图8-5所示分别为雪灾使电线塔架垮塌造成供电中断、供水设施破坏造成居民在池塘破冰取水及交通受阻的状况。

图 8-5 雪灾造成基础设施破坏

3. 建筑物、树木等被压塌或埋没

由于大雪的堆积，使房屋或树木等承载能力不足，造成房屋的倒塌或树木折断。图 8-6 所示为大雪压断树木和埋压房屋的状况。

图 8-6 北京机场路树木受灾、邻居挖门救人

4. 冻死、冻伤人员

由于风雪恶劣天气，气温极低，能够造成人员的伤亡。如我国 2001 年内蒙古的大雪中大量人员被冻伤，还有人员被冻死在野外；2005 年印控克什米尔地区 15 年来最大的降雪引发的多起雪崩和山

体塌方共造成154人死亡，200人失踪的惨重后果。

8.2.2 防雪灾减灾对策

1. 对于畜牧业

(1) 加强基础设施保护工作，防止圈舍倒塌。由于降雪量较大，屋面积雪较重，特别是养鸡大棚，因结构简易，容易引起倒塌。因此，应及时清扫屋面积雪，加固圈舍防护支撑，增强圈舍大棚抗压能力。同时，尽快将围圈中的畜禽转移到安全地方。

(2) 加强畜禽防寒保暖工作，防止冻害致死。注意畜禽圈舍的封闭，及时修缮门窗、屋面，严防贼风侵袭，更换和添加垫草。重点做好幼小畜禽的保温供暖工作，适当增加供暖设备，保证适宜温度，确保安全过冬。

(3) 加强饲料饲草贮备，防止因饿死亡。应尽量多贮备一些饲料饲草，保证暴雪期间畜禽的饲料供应，特别是牛羊养殖散户要千方百计地筹备饲草，防止牛羊在不能放牧的情况下，能够吃上草料，保证安全度过暴雪期。

(4) 加强疫病防控工作，确保大灾之后无大疫。在全力防灾抗灾的同时，要按照无疫严防、有疫严控的方针，落实经常性防控措施，突出抓好高致病性禽流感等重大动物疫病的免疫预防工作，确保畜禽及其产品健康安全。

2. 对于工程设施

(1) 生命线工程和重要设施、学校和政府办公建筑应符合《建筑结构荷载规范》(GB 50009—2001)及国家其他有关规范的要求。

(2) 农村低压架空线适当增大导线和拉线的导线直径。

(3) 加强对施工队伍的技术培训，提高施工质量。如拉线根部要采取防腐措施，选用合格的拉线盘，拉线坑要用石块夯实等。

(4) 对于基本雪压≥0.45kN/m^2 的地区，建筑除应符合现行国家标准《建筑结构荷载规范》(GB 50009—2001)的有关规定外，尚应符合下列规定：

1) 建筑物不宜布置在山谷风口附近；

2）建筑物屋顶宜采用坡屋顶；

3）建筑物不宜设高低屋面，亦不宜设女儿墙；

4）应避开雪崩灾害地区。

3. 增强民众防灾减灾意识

组织和开展防灾宣传活动，建立普及防灾知识的宣传机制，普及防灾减灾知识，增强民众防灾意识和灾后应急、自救与互救的能力。

4. 制定雪灾应急救援预案

包括交通和通信的恢复、医疗救助、物资供应和报警系统等。

8.3 村庄防雷灾要求与措施

雷电，又称闪电，是夏季经常出现的一种天气现象。雷电对人类的生命财产安全有重大的不利影响，它可以引起森林火灾等自然灾害，有时也会直接造成地面人员伤亡、建筑物破坏、电力、通信和电子设备破坏或受到干扰等。

8.3.1 雷电的破坏形式

雷电通过直接的和间接的方式对人和事物产生破坏作用。

1. 直击雷害

直接雷击是指闪电直接击在大地、建筑、防雷装置或其他物体上，其所产生的电、热和机械力等效应将对人或事物造成危害。

根据调查研究，建筑物易受雷击的部位是：

(1) 平屋面或屋面坡度不大于 1/10 的建筑——檐角、女儿墙、屋檐，如图 8-7(*a*)和(*b*)所示；

(2) 屋面坡度大于 1/10 且小于 1/2 的建筑——屋角、屋脊、檐角、屋檐，如图 8-7(*c*)；

(3) 屋面坡度不小于 1/2 的建筑——屋角、屋脊、檐角，如图 8-7(*d*)。

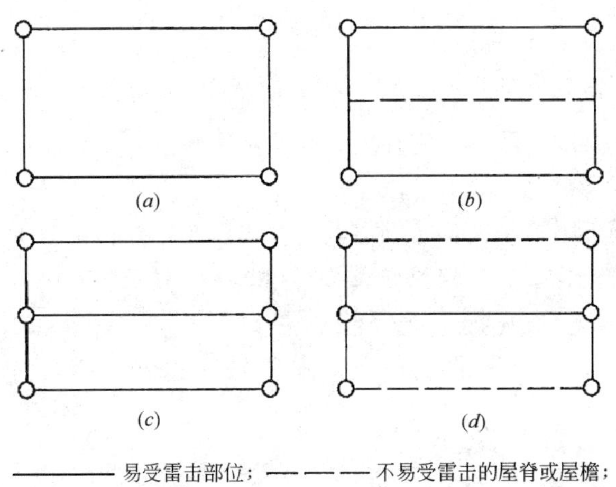

———— 易受雷击部位；— — — 不易受雷击的屋脊或屋檐；

○ 雷击率最高部位

2. 感应雷害

雷电放电时，会使附近导体上感应出与雷云相反的电荷，如不能将它就近泄入地中，则会产生很高的电位；另外，由于雷电流迅速变化，在其周围空间产生瞬变强电磁场，它又会使附近导体上感应出很高的电动势。雷电通过静电感应和电磁感应方式，使附近线路、金属或电子设备产生高于正常情况的感应过电压，并可能使金属部件之间出现火花甚至起火。由这类方式引起的灾害称为感应雷害。

3. 雷电波侵入和雷击电磁脉冲影响

雷电波侵入是指雷电击中远处电力、通信线路等或由雷电感应产生的雷电波(过电压)，会沿着架空线路或金属管道窜入建筑物内，危及人身安全或损坏设备。

雷击电磁脉冲影响指的是由雷电流或雷电电磁场产生的电磁场效应，如雷电流或部分雷电流、被雷电击中装置的电位升高以及磁辐射。这些效应一般是由闪电直接击在建筑物防雷装置上或建筑物附近所引起的电磁场所产生的，绝大多数是通过连接导体产生干扰的。雷击电磁脉冲将严重干扰由计算机、有/无线通信、处理、控制及相关的配套设施(含网络)等电子设备构成的信息系统的正常工作。

8.3.2 雷电灾害的防治

雷灾仍频繁发生且损失重大，雷灾的防御便逐渐成为政府和民众普遍关心的问题。研究开发有效的预防雷击技术和设备，采取积极的态度和行之有效的手段保护生命财产不受损害，将雷电灾害降低到最低极限，是人类防御雷电灾害的重要任务和关键所在。我国目前颁布实施了《建筑物防雷设计规范》(GB 50057—1994，2000年版)和《建筑物电子信息系统防雷技术规范》(GB 50343—2004)等技术标准，为规范防雷设计和施工技术、减少雷害损失提供了基本的依据。

1. 建筑防雷技术手段

(1) 直击雷的防护

目前，防避直击雷都是采用避雷针、避雷带、避雷线、避雷网作为接闪界，然后通过良好的接地装置迅速而安全把它送回大地。

(2) 感应雷的防护

1) 电源防雷

根据机房建设的要求，配电系统电源防雷应采用三级防护，由于避雷器生产厂家的设计思想各不相同，相应其避雷器的性能特点也不尽一致。第一级主要用于保护整幢建筑物用电设备或单位的主要用电设备；第二级保护主要是机房内 UPS 机房空调、照明等用电设备；第三级主要保护诸如单个计算机等终端设备。

2) 信息系统防雷

与电源防雷一样，通信网络的防雷主要采用通信避雷器防雷。通常根据通信线路的类型、通信频带、线路电平等选择通信避雷器，将通信避雷器串联在通信线路上。

3) 等电位连接

等电位连接的目的，在于减小需要防雷的空间内各金属部件和各系统之间的电位差，以防止雷电反击。将机房内的主机金属外壳、UPS 及电池箱金属外壳、金属地板框架、金属门框架、设施管路、电缆桥架、铝合金窗等电位连接，并以最短的线路连到最近的等电位连接带或其他已做了等电位连接的金属物上，且各导电物之间尽量附加多次相互连接。

4）金属屏蔽及重复接地

在做好以上措施基础上，还应采用有效屏蔽、重复接地等办法，避免架空导线直接进入建筑物楼内和机房设备，尽可能埋地缆进入，并用金属导管屏蔽。屏蔽金属管在进入建筑物或机房前重复接地，最大限度衰减从各种导线上引入雷电高电压。

2. 建筑防雷装置

雷击灾害有多种形式，完整的避雷设施必须同时具有防范它们的综合功能。针对一套具体防雷装置，应注意以下三方面：

(1) 接闪器

接闪器是指直接接受雷击的避雷针(塔)、避雷带(线)、避雷网以及用作接闪的金属屋面和金属构件等。接闪器的作用是将空中雷云的电荷引入大地。

对于应该采取防雷保护的高层建筑物应合理安装避雷装置，且避雷接闪设施的保护范围应足够覆盖应保护的建筑物；对于高耸结构(如烟囱)上的避雷设施应定期检修或及时更换；对于设有共用天线、卫星接收天线的建筑物，应同时安装避雷针和避雷线。

避雷针宜采用圆钢或焊接钢管制成，其直径不应小于下列数值：针长 1m 以下时，圆钢为 12mm，钢管为 20mm；针长 1～2m 时，圆钢为 16mm，钢管为 25mm；对烟囱顶上的针，圆钢为 20mm，钢管为 40mm。

避雷网和避雷带宜采用圆钢或扁钢，优先采用圆钢。圆钢直径不应小于 8mm；扁钢截面不应小于 48mm^2，其厚度不应小于 4mm。当烟囱上采用避雷环时，其圆钢直径不应小于 12mm；扁钢截面不应小于 100mm^2，其厚度不应小于 4mm。架空避雷线和避雷网宜采用截面不小于 35mm^2 的镀锌钢绞线。

除第一类防雷建筑物外，对金属屋面的建筑物，宜利用其屋面作为接闪器；屋顶上永久性金属物宜作为接闪器，但其各部件之间均应连成电气通路。不得利用安装在接收无线电视广播的共用天线杆顶上的接闪器保护建筑物。

除利用混凝土构件内钢筋做接闪器外，接闪器应热镀锌或涂漆。在腐蚀性较强的场所，尚应采取加大其截面或其他防腐措施。

(2) 引下线

引下线是连接接闪器与接地装置的金属导体。建(构)筑物的防雷不仅要考虑其自身安全，而且还要考虑到建筑物内的设备和人身安全。因此，引下线是否完好，布设是否合理及引下线与接闪器、接地体的连接是否妥善等，与排泄雷电电流的好坏有密切关系。明设引下线必须远离其他线路，即不允许在其较近的范围内同时安装电力线、电话线、闭路电视信号线等，以防止雷电电流经过引下线时对它们产生放电而造成对室内仪器、线路和人员的“反击”事故。建筑群中的高耸建筑物、空旷地带的孤立建筑物比较容易引雷，所以对其明设的引下线应详细检查是否锈断，要尽快更换锈蚀严重的引下线，以确保引雷效果。

引下线宜采用圆钢或扁钢，宜优先采用圆钢，其直径不应小于8mm；扁钢截面不应小于48mm^2，其厚度不应小于4mm。当烟囱上的引下线采用圆钢时，其直径不应小于12mm；采用扁钢时，其截面不应小于100mm^2，厚度不应小于4mm。

引下线应沿建筑物外墙明敷，并经最短路径接地；建筑艺术要求较高者可暗敷，但其圆钢直径不应小于10mm，扁钢截面不应小于80mm^2。

建筑物的消防梯、钢柱等金属构件宜作为引下线，但其各部件之间均应连电气通路。

采用多根引下线时，宜在各引下线上于距地面0.3～1.8m之间装设断接卡。当利用混凝土内钢筋、钢柱作为自然引下线并同时采用基础接地体时，可不设断接卡；但采用埋于土壤中的人工接地体时应设断接卡，其上端应与连接板或钢柱焊接。

利用钢筋作引下线时，应在室内外的适当地点设若干连接板，该连接板可供测量、接人工接地和作等电位连接用。当仅利用钢筋作引下线并采用埋于土壤中的人工接地体时，应在每根引下线上于距地面不低于0.3m处设接地体连接板。连接板处宜有明显标志。

在易受机械损坏和防人身接触的地方，地面上1.7m至地面下0.3m的一段接地线应采取暗敷或镀锌角钢、改性塑料管或橡胶管等保护设施。

(3) 接地电阻

接地体和接地线合称为接地装置，其中接地体包括埋入土中或钢筋混凝土基础中作为散流用的导体，而接地线是指从引下线断接卡、换线处或接地端子等电位连接带至接地装置间的连接导体。接地装置是防雷设施的重点和关键，是分流和排泄直击雷和雷电电磁脉冲干扰能量最有效的手段之一。没有接地装置或接地不良的避雷设施，将可能成为引雷入室的祸患。接地的最终目的就是通过低电阻的接地体把雷电流引入大地，从而对建筑物自身、设备和人员起到一个安全保护作用。但如果接地电阻值过高，就不能正常地将雷电电流引入大地而容易遭到雷击灾害。造成接地电阻过高的原因有两个：一是由于地下装置安装不符合标准，主要表现在接地体深度不够或数目偏少；二是由于地基与导电性较差。不同的接地装置，随着时间的推移，其锈蚀程度也不尽相同，接地电阻值多数明显增大，特别是安装在高温条件下或腐蚀性强的地方的避雷装置，锈蚀尤为严重。这就说明了对接地装置进行定期检测的必要性。

埋于土壤中的人工垂直接地体宜采用角钢、钢管或圆钢；埋于土壤中的人工水平接地体宜采用扁钢或圆钢。圆钢直径不应小于10mm；扁钢截面不应小于100mm^2，其厚不应小于4mm；角钢厚度不应小于4mm，钢管壁厚不应小于3.5mm。在腐蚀性较强的土壤中，应采取热镀锌等防腐措施或加大截面。接地线应与水平接地体的截面相同。

人工垂直接地体的长度宜为2.5m。人工垂直接地体间的距离及人工水平接地体间的距离宜为5m，当受地方限制时可适当减小。人工接地体在土壤中的埋设深度不应小于0.5m。

接地体应远离由于砖窑、烟道等高温影响使土壤电阻率升高的地方。在高土壤电阻率地区，降低防直击雷接地装置接地电阻宜采用多支线外引接地装置、接地体埋于较深的低电阻率土壤中、采用降阻剂和换土等方法。

防直击雷的人工接地体距建筑物出入口或人行道不应小于3m。当小于3m时，应使水平接地体局部深埋不应小于1m，或将水平接地体局部包绝缘物(可采用50～80mm厚的沥青层)，或采用沥青碎石地面或在接地体上面敷设50～80mm厚的沥青层(其宽度应超过接地体2m)。

埋在土壤中的接地装置，其连接应采用焊接，并在焊接处作防腐处理。

接地装置工频接地电阻的计算应符合《工业与民用电力装置的接地设计规范》(GBJ 65—1983)的规定，其与冲击接地电阻的换算应符合《建筑物防雷设计规范》(GB 50057—1994，2000年版)附录三的规定。

附录1 建筑物耐火等级及构件的材料

建筑物耐火等级及构件的材料

构件名称		耐火等级			
		一级	二级	三级	四级
		材料			
墙	外墙	砖，石，混凝土，钢筋混凝土	砖，石，混凝土，钢筋混凝土	砖，石，土	砖，石，土，木，竹
	内墙	砖，石，混凝土，钢筋混凝土	砖，石，混凝土，轻质混凝土，钢筋混凝土	砖，石，土，轻质混凝土，木，竹	木，竹
	防火墙	砖，石，混凝土，钢筋混凝土(厚度不小于22cm)	砖，石，混凝土，钢筋混凝土(厚度不小于22cm)	砖，石，混凝土，土(厚度不小于22cm)	砖，石，混凝土，土(厚度不小于22cm)
柱		砖，石，混凝土，钢筋混凝土	砖，石，混凝土，钢筋混凝土，钢(设防护层)	砖，石，混凝土，钢筋混凝土，木(设防护层)	木，竹
楼层承重构件	梁	钢筋混凝土	钢筋混凝土	型钢，钢筋混凝土，石	钢，钢木，木
	楼板	钢筋混凝土，砖(石)块	钢筋混凝土，砖(石)块	钢筋混凝土，砖(石)块，石	木
楼梯		钢筋混凝土，砖，石	钢筋混凝土，砖，石，钢	钢筋混凝土，砖，石，钢	木，竹
屋顶承重构件	梁，屋架，屋面板	钢筋混凝土	钢，钢筋混凝土	钢，钢木，木	钢，钢木，木，竹
	檩条次架	钢筋混凝土	钢，钢筋混凝土	钢筋混凝土，石，钢，钢木，木	钢，木，竹
	椽条	—	—	木，竹	木，竹
吊顶		轻钢龙骨吊石膏板，钢丝网抹灰	经防火处理木龙骨吊石膏板，钢丝往抹灰	可燃龙骨吊苇箔，板条，纤维板，席，塑料制品	可燃龙骨吊席，纸，塑料制品
屋面层		石板，瓦，瓦楞铁，油毡撒豆沙	石板，瓦，瓦楞铁，油毡撒豆沙	石板，瓦，瓦楞铁，炉渣，三合土，草泥灰	玻璃钢，油毡，草，席，树皮

注：观众厅内的吊顶耐火等级不宜低于二级；三级耐火等级的住宅和单层办公用房可采用纸吊顶。

附录 2　厂房的火灾危险性分类和举例

《村镇建筑设计防火规范》(GBJ 39—1990)附录二厂房的火灾危险性分类和举例

类别	火灾危险性分类	举　例
甲	闪点<28℃的液体	闪点<28℃的油品和有机溶剂的提炼，回收或泵房，甲醇，乙醇，丙酮，丁酮等的合成或精制厂房，植物油加工厂的浸出厂房
	爆炸下限<10%的气体	乙炔站，氢气站，天然气，石油伴生气，矿井气等厂房压缩机室及鼓风机室，液化石油气罐瓶间，电解水或电解盐厂房，化肥厂的氢，氮压缩厂房
	常温下能自行分解或在空气中氧化即能导致迅速自燃或爆炸的物质	硝化棉厂房机器应用部位，赛璐珞厂房，黄磷制备厂房机器应用部位，甲胺厂房，丙烯腈厂房
	常温下受到水或空气中水蒸气的作用，能产生可燃气体并引起燃烧或爆炸的物质	金属钠，钾加工厂房机器应用部位，三氯化磷厂房，多晶硅车间三氯氢硅部位，五氧化磷厂房
	遇酸，受热，撞击，摩擦，催化以及遇有机物或硫黄等易燃的无机物，极易引起燃烧或爆炸的强氧化剂	氯酸钠，氯酸钾厂房机器应用部位，过氧化钠，过氧化钾厂房，次氯酸钙厂房
	受撞击，摩擦或与氧化剂，有机物接触时能引起燃烧或爆炸的物质	赤磷制备厂房机器应用部分，五硫化二磷厂房及其应用部位
	在密闭设备内操作温度等于或超过物质本身自燃点的生产	洗涤剂厂房，石蜡裂解部位，冰醋酸裂解厂房
乙	闪点≥8℃至<60℃的液体	闪点≥28℃至<60℃的油品和有机溶剂的提炼，回收和其泵房，樟脑油提取部位，环氧氯丙烷厂房，松节油精制部位，煤油罐桶间
	爆炸下限≥10%的气体	一氧化碳压缩机室机器净化部位，发生炉煤气或鼓风炉煤气净化部位，氨压缩机房
	不属于甲类的氧化剂	发烟硫酸或发烟硝酸浓缩部位，高锰酸钾厂房
	不属于甲类的化学易燃危险固体	樟脑或松香提炼厂房，硫黄收回厂房
	助燃气体	氧气站空分厂房
	能与空气形成爆炸性混合物的浮解状态的粉尘，纤维或丙类液体的雾滴	铝粉或镁粉厂房，金属制品抛光部位，煤粉厂房，面粉长的碾磨部位，活性炭制造及再生厂房

续表

类别	火灾危险性分类	举 例
丙	闪点≥60℃的液体	闪点≥60℃的油品和有机液体的提炼，回收部位及其抽送泵房，甘油，桐油的制备厂房，油浸变压器室，机器油或变压器油灌桶间，柴油罐桶间，配电室(每台装油量≥60kg的设备)
	可燃固体	木工厂房，竹、藤加工厂房，针织品厂房，织布厂房，染整厂房，服装加工厂房，棉花加工及打包厂房，造纸厂备料，干燥厂房，麻纺厂粗加工厂房，毛涤厂选毛厂房，蜜饯厂房
丁	对非燃烧物质进行加工，并在高温或熔化状态下经常产生强辐射热，火花或火焰的生产	金属冶炼，锻造，铆焊，热轧，锻造，热处理厂房
	利用气体，液体，固体作为原料或将气体，液体，进行燃烧作其他用的各种生产	锅炉房，玻璃原料熔化厂房，保温瓶胆厂房，陶瓷制品的烘干厂房，柴油机房，汽车库，石灰熔烧厂房，配电室(每台装油量<60kg 的设备)
	常温下使用或加工难燃烧物质的生产	铝塑材料的加工厂房，酚醛泡沫塑料的加工厂房，化纤长后加工润湿部位
戊	常温下使用或加工非燃烧物质的生产	制砖厂房，石棉加工车间，金属（镁合金除外）冷加工车间，仪表，器械或车辆装配厂房

附录3　库房、堆场、贮罐的火灾危险性分类和举例

《村镇建筑设计防火规范》(GBJ 39—1990)

附录三库房、堆场、贮罐的火灾危险性分类和举例

类别	火灾危险性分类	举　例
甲	闪点＜28℃的液体	苯，甲苯，甲醇，乙醇，乙醚，醋酸钾，汽油，丙酮，丙烯，60度以上的白酒
	爆炸下限＜10%的气体以及受到水或空气中水蒸气的作用，能产生爆炸下限＜10%气体的固物质	乙炔，氢，甲烷，乙烯，丙烯，硫化氢，液化石油气，电石，碳化铝
	常温下能自行分解或在空气中氧化即能导致迅速自燃或爆炸的物质	硝化棉，硝化纤维胶片，喷漆棉，火胶棉，赛璐珞棉，黄磷
	常温下受到水或空气中水蒸气的作用，能产生可燃气体并引起燃烧或爆炸的物质	金属钾，钠，氢化锂，四氧化化铝，氢化钠
	遇酸，受热，撞击，摩擦，催化以及遇有机物或硫黄等易燃的无机物，极易引起燃烧或爆炸的强氧化剂	氯酸钾，氯酸钠，过氧化钠，硝酸铵
	受撞击，摩擦或与氧化剂，有机物接触时能引起燃烧或爆炸的物质	赤磷，五硫化磷，三硫化磷
乙	闪点≥28℃至＜60℃的液体	煤油，松节油，溶剂油，冰醋酸，樟脑油，乙酸
	爆炸下限≥10%的气体	氨气
	不属于甲类的氧化剂	重酪酸钠，酪酸钾，硝酸，硝酸苯，发烟硫酸，漂白粉
	不属于甲类的化学易燃危险固体	硫黄，铝粉，赛璐珞板(片)，樟脑，松香，萘
	助燃气体	氧气，氟气
	常温下与空气接触能缓慢氧化，积热不断引起自燃的物品	桐油，漆布及其制品，油布及其制品，油纸及其制品

续表

类别	火灾危险性分类	举例
丙	闪点≥60℃的液体	动物油，植物油，沥青，石蜡，润滑油，机油，重油，闪点≥60℃的油，糠醛
	可燃固体	化学，人造纤维机器织物，纸张，棉，毛，丝，麻及其织物，谷物，面粉，竹，木及其制品，中药材，电视机，收录机等电子产品
丁	难燃烧物品	自熄性塑料及其制品，酚醛泡沫塑料及其制品，水泥刨花板
戊	非燃烧物品	钢材，铝材，玻璃及其制品，搪瓷制品，陶瓷制品，岩棉，陶瓷棉，矿棉，石膏及其无纸制品，水泥

参考文献

[1] 李风. 工程安全与防灾减灾. 北京：中国建筑工业出版社，2005.

[2] 杨建松，粟才全. 社区灾害管理. 北京：气象出版社，2008.

[3] 翁祝梅，毛丽华. 防火与消防. 北京：知识产权出版社，2006.

[4] [日] 山田刚二，渡正亮，小桥澄治. 滑坡和斜坡崩塌及其防治. 北京：科学出版社，1980.

[5] 《村庄整治技术规范》GB 50445—2008.

[6] 江见鲸，徐志胜. 防灾减灾工程学. 北京：机械工业出版社，2005.

[7] 黄润秋，许向宁，唐川等. 地质环境评价与地质灾害管理. 北京：科学出版社，2008.

[8] 叶义华，许梦国，叶义成. 城市防灾工程. 北京：冶金工业出版社，1999.

[9] 王茹. 土木工程防灾减灾学. 北京：中国建材工业出版社，2008.

[10] 周云，李伍平，浣石等. 防灾减灾工程学. 北京：中国建筑工业出版社，2007.

[11] 陈龙珠，梁发云，宋春雨等. 防灾工程学导论. 北京：中国建筑工业出版社，2006.

[12] 高庆华，李志强，刘惠敏等. 自然灾害系统与减灾系统工程. 北京：气象出版社，2008.

[13] 葛全胜，邹铭，郑景云等. 中国自然灾害风险综合评估初步研究. 北京：科学出版社，2008.

[14] 马东辉，郭小东，王志涛. 城市抗震防灾规划标准实施指南. 北京：中国建筑工业出版社，2008.

[15] 高庆华，中国自然灾害的分布与分区减灾对策. 地学前缘，Vol. 10 Suppl. Aug. 2003

[16] 全国重大自然灾害调研组. 自然灾害与减灾. 北京：地震出版社，1990

[17] 宋波，黄世敏. 图说地震灾害与减灾对策. 北京：中国建筑工业出版社，2008.